書山有路勤為徑
學海無涯苦作舟

書山有路勤爲逕
學海無涯苦作舟

世界零售龍頭
沃爾瑪傳奇

姜文波◎著

沃爾瑪是什麼？

沃爾瑪：全球最大的連鎖零售商
沃爾瑪：員工超過220萬，是全世界最大的私人雇主
沃爾瑪：全球第二大上市公司（營業額）
沃爾瑪：「天天低價」標榜物美價廉
沃爾瑪：商品品項繁多滿足顧客「單站購足」

前言

2002年，美國權威雜誌《財富》刊登了全球500強排行榜，美國零售業巨頭沃爾瑪公司超越了通用汽車公司和埃克森美孚公司，位居排行榜首位。在此之後的十年間，沃爾瑪公司也多次奪冠，並且被評為「全美最受尊敬的公司」。

從1962年公司的創建到現在，短短50年時間，沃爾瑪公司已經在全球擁有8000多家商店，超過200萬多名的員工，成為全球最大的雇主，其發展的速度讓人瞠目結舌。更難得的是，即使它發展成為世界上最大的公司，但它依然保持著它成立之初的活力，並一直在壯大。

看到沃爾瑪公司的這些成績，人們很難想明白，如此強大的零售帝國，它的前身只是一家小小的「雜貨店」；人們也很難說清楚，一個世界巨富是如何從一名普通的「鄉巴佬」蛻變而來。

這個「鄉巴佬」就是沃爾瑪公司的創始人山姆·沃爾頓，他被稱作沃爾瑪公司的真正靈魂，代表了「美國夢」的縮影，是全球最有影響力的企業家之一。瞭解山姆的傳奇人生，就是瞭解沃爾瑪公司不斷向外拓展的過程，也是瞭解沃爾瑪成功的秘訣。

山姆·沃爾頓於1918年出生於美國一個普通農民家庭，在半工半讀的情況下修完大學，並隨後參軍。1945年，從軍隊退伍後，他白手起家，經營一家小小的雜貨店，就這樣開始了自己的創業生涯。經過十多年的坎坷奮鬥，在1962年7月，山姆開辦了第一家沃爾瑪百貨商店，這一年的營業額便高達70萬美元。1985年10月，美國《富比士》雜誌揭曉全美富豪榜，山姆榮居首位，此時他已經擁有1400多家沃爾瑪商店。

據統計，90%的美國人在方圓15英里的地方就能找到一家沃爾瑪的商店，他們平均每小時就會在沃爾瑪商店花去3500萬美元，美國零售業70%的就業機會都是源自於沃爾瑪公司。而山姆推行「天天低價」的廉價銷售策略，平均每年為美國消費者節約將近300億美元。隨後，山姆因其卓越的企業家精神和富於創造性的領導能力，被美國老布希總統授予公民的最高榮譽「總統自由勳章獎」。

到20世紀90年代，沃爾瑪公司進入全球擴張階段，公司的經營策略和經營理念並沒有隨著山姆的去世而改變。

在接班人的帶領下，沃爾瑪公司分別進駐北美、南美、歐洲和亞洲等地，與全世界的零售業共同競爭，店鋪的數量和營業額成倍增加。1993年，英國、法國、德國等歐洲國家已經有300多家沃爾瑪商店，海外營業額佔總營業額的27.6%。

如今，沃爾瑪已經成為一個值得信賴的品牌，深深烙印在消費者的心中。這個巨型的家族企業似乎被注入了左右一個城市，乃至一個國家零售業格局的力量。不管時代如何發展，社會競爭如何激烈，沃爾瑪公司都一直以在成功之巔繼續成長，他的成功為當代企業發展提供了寶貴的經驗。

正如山姆在自傳中提到：「沃爾瑪公司走的是一條獨一無二的發展道路，它的存在是史無前例的。把公司的發展經歷告知於人，或許可以給他人稍許借鑑，能夠激發他們實現夢想。」

有鑑於此，本書從沃爾頓家族的發展史的和經營理念出發，分別從山姆成長時代、崛起時代、擴張時代和「後山姆」時代四個部分著墨，在重點撰述山姆·沃爾頓成長史和創業精神的同時，闡述沃爾瑪零售帝國成為世界最強的秘密。

相信山姆·沃爾頓人生歷程的內在特質和沃爾瑪公司的經營理念一定能帶給讀者諸多啟示和鼓勵。而山姆的「美國夢」和沃爾瑪「奇蹟」將繼續影響一代又一代人。

目 contents 錄

目 contents 錄

目 contents 錄

第1篇 「童子軍」時代

（1918年～1945年27歲）

1985年10月，美國權威雜誌《富比士》公佈居住在班頓維爾鎮的山姆．沃爾頓為全美富豪榜首，一夜之間山姆和他的商店成為全美公眾關注的焦點。人們看到的全美首富，其實就是一個戴著一頂折扣棒球帽，穿著自己商店賣的廉價服裝的人。他出門也沒有豪華的轎車，而是自己開著一輛破舊的貨運車，在後車廂上關著兩隻獵犬。

這就是美國首富的簡樸生活。人們對他的發家史有所好奇，而他的成長經歷也成為研究對象。因為人們相信，一個獲得命運加倍賞賜的人，必定有他加倍努力的付出與奮鬥。

瞭解山姆成長過程，其實就是瞭解「美國夢」的奮鬥歷程——不依賴任何特定社會階層的援助，只有透過勤奮、勇氣和決定才能邁向繁榮。山姆的成長心路，是時代的榜樣，也是「美國夢」的縮影。

第一章 鷹徽勇士

7 歲小小賣報郎

20 世紀初，第一次世界大戰爆發。當這場巨型非正義的戰爭在歐洲大陸肆無忌憚地瀰漫時，美國正逐漸地向債權國和最大的資本輸出國家邁進。瀰漫的硝煙和紛飛的戰火似乎並沒有影響到「門羅主義」的美國，儘管經濟困難，但是這個國家的人們依然在土塊堆砌出來的屋簷下，掙扎地數著自己的小日子。

1918 年春天，美國政府大力懇求農場主多種莊稼，生產出多餘的糧食運往歐洲戰場，他們希望透過這樣的方式賺取利潤。但是等到年末戰爭結束，經歷過戰爭的歐洲農場主居然以驚人的速度恢復了生產，中斷了美國農場主的銷路。這使得美國的農作物價錢暴跌，農場主們債臺高築，許多農民瀕臨失業。這其中有一戶人家，他們同樣處於貧困的邊緣，但初為人母的喜悅已經沖淡了貧困帶來的哀愁。他們就是居住在美國中南部的奧克拉荷馬州的一戶普通農民家庭。

這年3月29日，這戶貧困的小家庭迎來了夫婦倆的第一個孩子，年輕的丈夫為兒子取名為山姆．沃爾頓。為了養育剛出生的嬰兒，這對年輕的父母開始不斷地尋求各種工作機會，以求賺取一點點零用錢。

和所有呱呱墜地的孩子一樣，山姆．沃爾頓在懵懂的期待中感知著世界。和所有的父母一樣，沃爾頓夫婦希望這個小嬰兒能夠健康快樂地長大成人。看著山姆粉嘟嘟的笑臉，誰也不會想到他將在幾十年後成為美國的巨富。

正是因為出生在這樣普通的家庭，山姆童年的生活與其他出生在農村的孩子相差無異。小的時候，山姆就經常幫助家裡做一些簡單的雜活，分擔家裡的生活壓力。迫於生活的困境，山姆一家人不得不時常搬家，其中最徹底的一次，發生在山姆5歲的時候，那次他們舉家遷徙到了奧克拉荷馬州東邊的密蘇里州。他們住在密蘇里州的斯普林菲爾德鎮，在那裡，小山姆和父母度過了短暫的充實而又愉快的歲月，並在那裡健康快樂地成長。

童年的山姆受到的啟蒙教育來自父母。正如有人說：「家庭教育是人生的第一堂課，父母是孩子的第一位老師。」這句話在山姆身上得到了充分體現。

受父親的影響，山姆明白了什麼是勤奮，也學會了什麼是討價還價。每天一大早，沃爾頓就去田裡查看，或是去集市上看看蔬菜和水果的價錢，再進一步打算有沒有適合的商機。父親沃爾頓為人坦誠，做事情從不拖泥帶水，他的這些優點在潛移默化中影響著山姆。

也就是七八歲的光景，小山姆開始了自己的「打零工」生活。每天一大早，他挨家挨戶給人送報紙，並且制定了專門的送報路線，保證能夠按時送到訂戶的手中。他賺取到的這些微薄的零用錢，成為家裡日常開支的一部分。

從那時起，小山姆懂得了每一分錢的價值和意義。在山姆眼中，每一分錢都是透過雙手創造出來的，他深知賺錢的艱辛，也甘願為這樣的艱辛付出努力。憑藉自身的勤奮和踏實，山姆獲得了很多訂戶的青睞，並且透過這些訂戶的讚賞和推崇，他獲得了更多的「客戶」。

此外，小山姆也做過其他的雜活。他不僅幫助母親擠牛奶，也利用閒暇時間去挨家挨戶送牛奶。山姆提及自己的生活時，常常津津樂道，他回憶說沒有母親的勤儉持家，就沒有後來的「冰淇淋胖子」。正如他在自傳《富甲美國》中寫到的：

「大蕭條時期，我的母親南．沃爾頓想到一個主意——開一家小牛奶店。所以，我早上很早就起床去幫忙擠牛奶，母親進行加工和裝瓶，我在下午踢完足球以後就去送牛奶。我們一共有十多個訂戶，他們花10美分就可以買1加侖牛奶。最讓我欣喜的是，母親會提取奶油給我們做霜淇淋吃，我不知道我成為胖子山姆．沃爾頓，是不是在那時候整天吃霜淇淋的緣故。」

在這段時間裡，小山姆一方面幫助做家裡的雜活，同時也不荒廢自己的學業，漸漸成長為果敢的孩子王。各種零工的生活經歷，在潛移默化中引導著山姆的個性成長，他繼承了父親勤勞坦誠的品格，同時也遺傳了母親簡樸和實幹精神。在這樣的成長環境下，小山姆繼續著他的傳奇人生路。

究竟有沒有人去猜測山姆的未來，已無法追究。即便是有，誰又能相信這個普普通通的孩子能在10年、20年、30年後，變得不普通呢？但可以肯定的是，現在的小山姆依然只是個勤奮踏實的孩子，未來會如何？小山姆自己也不清楚。他只做著常人做的事，懵懵懂懂的度過自己的孩提時代。

最年輕的「鷹徽勇士」

1932年，美國密蘇里州出過一位歷史上最年輕的「鷹徽勇士」。他就是年僅13歲的山姆．沃爾頓。當時山姆正與家人一起居住在密蘇里州的謝爾拜納小鎮。

這個小鎮大約住了將近1500人，在當時的美國並不算特別小。但是鎮上的人們對於「鷹徽勇士」的事蹟卻是耳熟能詳。因為在1932年夏天，鎮上的雜誌《謝爾拜納民主黨人》曾經詳細的記載過這段故事：

「住在謝爾拜納的湯姆．沃爾頓夫婦的大兒子，年僅13歲的山姆．沃爾頓曾在童子軍裡受過訓練。週四下午，他從索爾特河中搶救出來一名落水兒童。這名落水兒童叫做唐納德．彼得森，是彼得森教授夫婦的小兒子。

當時，唐納德掉入河中，由於水太深，他無法爬上岸來，大喊救命。和孩子們一起去河邊的還有洛伊．瓊斯，洛伊盡全力想把他拉上來，但是唐納德拚命掙扎，反而把洛伊拖入水中。

就在唐納德第五次沉入水中之際，在不遠處的山姆．沃爾頓及時趕到。他從背後抓住唐納德，用他在童子軍營受訓時學到的技巧把小孩拖上岸，並對他施行人工呼吸。全身發紫、幾近失去知覺的唐納德在山姆的全力搶救中逐漸甦醒過來。」

不管雜誌的報導是否誇大其詞，但山姆終究是將那個孩子救了出來。山姆回憶說：「坦率地講，這些事情，讓我覺得有些不好意思。因為我擔心有人會認為我是在吹牛或者試圖把自己說成是一個大英雄。」

事實上，山姆就是這樣的一個大英雄。

在密蘇里州的馬歇爾鎮讀書的時候，他加入了當地的童子軍陣營，帶領隊員們一同參加各式各樣的訓練，顯現出一副雄心勃勃的樣子。雖然訓練十分辛苦，但是小山姆卻樂於享受這份「辛苦」，他一邊幫忙家裡的雜活，一邊勤奮學習，不荒廢日常的訓練和自己的業餘生活。

在學校，他擔任班長的職務，受到很多同學的擁戴。此外，他還非常熱愛體育運動，喜歡和夥伴們一起玩橄欖球和籃球。每到夏天來臨的時候，他總會跑到附近的小河去游泳，顯示出一副永遠精力充沛的樣子。而他流露出來的那種爭強好勝的心態——不放過任何展現自己的機會，也是當時孩子們的通例。

他常常和小夥伴們打賭，比如：游泳的時候，看看誰先游到對岸；踢球的時候看看誰能最先進球；早在他加入童子軍的時候，他甚至還和其他童子軍打賭，看看誰能夠第一個獲得「鷹徽」。「鷹徽」在當時是一種軍隊的榮譽標誌，正面圖案是美國禿鷹，背面背面圖案是具有十三級臺階的金字塔，合在一起代表著整個國家的信仰和價值體現。

正當他為了這個「鷹徽」發誓努力鍛鍊自己時，他不得不面對搬家的現實。父母告訴他，他們即將從馬歇爾鎮搬到謝爾拜納小鎮去住。但也就是在這年，發生了雜誌中報導的那件事情，他出乎意料地獲得了「鷹徽」，成為了當時最年輕的「鷹徽勇士」。

拿到這個具有象徵意義的「鷹徽」之後，很多人以為山姆終於要上走一條不同尋常的路，但是小山姆仍然平平淡淡地繼續自己的生活。這個「鷹徽」對他而言，似乎並沒有在他的生活中掀起很大波瀾。貧寒、簡單卻樂趣橫生的生活一直包圍著這位少年，在他幼小的心底，或許還有一顆尚未發芽的夢種子。

贏球，那是理所當然的

少年山姆喜歡各種各樣的運動，在夥伴中他是出了名的「體育全能」。而在所有的運動項目中，球類是他最偏愛的。

正如上文說的那樣，小山姆樂於各種爭強好勝的活動，常常跟夥伴們打賭，看看誰能夠最先進球。山姆也確實具備這種自信，在他看來，贏球不過是理所當然的事情。他的這些自信的資本要追溯到他小學時期，他對運動的各種嘗試和鍛鍊。

五年級的時候，山姆開始了他的踢球生活。從那時起，山姆每天的生活基本就是上學——踢球——送牛奶。

從學校放學後，他就跟夥伴們去踢球，他們通常都玩美式橄欖球，漸漸地他們學會了如何防守，如何進攻，如何協同作戰。在這些夥伴中，有一位與山姆關係較好的朋友，他的父親為他們組織了一支少年球隊。在山姆眼中，這位叔叔是一位極好的人，因為他還幫助小夥伴們聯繫與其他球隊的比賽。當時臨近的小鎮比如奧德薩鎮、里士滿鎮和錫代利亞鎮的球隊都和山姆的球隊打過比賽。在這個球隊中，山姆打的是邊鋒，因為他還只是個孩子不能老想著去搶球，所以年少的他似乎還有點遺憾自己沒能成為跑衛或者四分衛。然而這一遺憾到山姆進入高中就完全彌補了。

進入高中後，球隊生活是山姆生活中很重要的一部分。他加入了校級球隊，並且由於他有多年橄欖球隊的參賽經驗，已經遠遠超越了同時期的大多數同學，因此他成為了球隊中的二線四分衛。山姆只有一米八身高，體重也只有59公斤，這樣的身形屬於同齡人中相對較小的，但換句話說，我們可以認為山姆屬於身材矯健和靈便那一類型。再加上山姆對阻人、絆人和傳球的知識都瞭若指掌，在球隊中屬於最有進取心的人，因此他理所當然地獲得了校名首字母的標誌。這也算是山姆高中生活的一大亮點了。

「我在高中裡的運動員經歷確實令人難以置信，因為我同時也是橄欖球隊的四分衛，它也是常勝不敗的——也贏得了州冠軍。我的球投得並不特別棒，因為我們的球隊基本上是一個以跑為特點的球隊。作為一名後衛來說我的速度不算快，但是我足智多謀，有時還非常狡猾，所以能在瞬間騙過對方，撲到球。在防守中，我最高興的事情是教練讓我打中後衛。我對球將飛向哪裡有敏銳的感覺，我確實熱愛打球。我猜想我作為一個運動員是完全有實力的。我在體育方面的主要天賦也許和我作為零售商的最佳才能一樣——我是一個出色的鼓動者。有一點難以相信，但確是事實：即在我的整個一生中，我從未輸過一場橄欖球賽。」

山姆對自己球隊生活的描述其實是相當自謙的。1935年，山姆所在的球隊與傑夫城高中隊有過一場激烈的爭奪賽，在那次比賽中他們獲得了州冠軍。他日後在提及當自己公司面臨困難時，總把這些困難想像成是高中生活中的一場球賽。這些比賽紀錄引導山姆接受挑戰，迎難而上，按著計畫去一步一步進行。

其實除了橄欖球之外，棒球和籃球也是山姆所擅長的運動。當時很多人，包括山姆自己，都認為他的運動員經歷讓人難以置信。山姆的身形矮小，中投率也不高，但是校隊把他選了進去之後，他成為了一名十分出色的控球手。山姆對隊員們的協調工作有著敏銳的洞察力。他清楚地掌握每個隊員的身體狀況，也瞭解隊員們的技能和速度，具備這些優勢後，他指揮球隊的球場作戰，並且贏得了州冠軍。這些事情豐富了他整個高中的生活，同時也讓他從心底裡把贏球當作理所當然的事情。更重要的一方面是，有了這些贏球經歷，山姆順理成章地進入了當地的大學——密蘇里州立大學。這為他的人生緩緩地開啟了新的一頁。

多才多藝的男孩

人們稱讚某個人的才藝，大致是說這個人在很多方面具備才能和精湛的技藝。這種才藝與文學或者藝術靠攏，具備這種特質的人被稱作藝術家、音樂家、文學家等。然而，人們從來沒有聽說某某是個「多才多藝」的商人。

但山姆．沃爾頓是一個例外。

山姆得到「美國最富有的商人」這個頭銜後，有不少人去探尋他成為「巨富」之前的生活。但結果只能讓這些人失望，因為小時候的山姆與普通家庭的孩子並無差別。或許唯一不同的，就是山姆除了懂得勤儉節約這一家庭法則之外，還具備了「多才多藝」的內質。

1936年，山姆高中畢業，並獲得「最多才多藝的男孩」稱號。

沃爾頓一家再次遷居之後，住到了密蘇里州的哥倫比亞鎮，他在那裡的西克曼高中學習。在這所高中，山姆幾乎參與了所有社團活動，他還踴躍地競選學生會主席，成為高中同學中的風雲人物。當時有人甚至開玩笑地對他說：「山姆，你真是當主席的料啊，你可以去競選總統了！」聽到這樣的話，山姆只是微微一笑，但是山姆的心裡已經滋生並默許了他人對自己的誇讚，他暗暗思索著，或許有一天自己真的能當上總統。

那時候，沒有人料想到這樣一個孩子能夠成長為一名商人，並且成為美國的巨富。

事實上，山姆只是普普通通的孩子，他並非天才，只是隨著自己的興趣愛好做自己想做的事。參加各種球類活動和團體活動，卻從不荒廢自己的學業。私底下，山姆學習非常刻苦，聰明的小腦袋似乎不需要「頭懸樑、錐刺股」這樣的拚勁，他更多的是把自己永遠精力旺盛的一面呈現給大家。

進入大學後的山姆依然秉持著自己的為人作風，他從來不輕看自己，也不會因為自己的貧窮而自卑，儘管他是一個來自普通農民家庭的孩子。

一件很能說明情況的事情就是在山姆進入大學後，他收到聯誼會的邀請。當時幾乎所有的聯誼會都是身分地位的象徵，只對一些家境富裕的學生開放。因此山姆又成了例外。

山姆本人並沒有去追究聯誼會看中他的哪一方面，他只是從中選擇了最有名氣並且也最頂尖的一家——貝塔聯誼會，這家聯誼會還一直領導著密蘇里大學的運動員聯盟。加入這個聯誼會後，山姆擔任這個聯誼會負責吸收會員的組長，他做得得心應手，似乎沒有什麼事情能難得倒他。在山姆的自傳中，山姆對自己的大學生活只是略筆提寫：

「當我讀大學二年級時，貝塔聯誼會的同仁們推舉我擔任負責吸收會員的組長。所以我買了一輛真正的老式福特汽車。那個夏天，我駕車跑遍了全州，與貝塔聯誼會希望網羅的候選會員會晤。」

擔任組長這一職務似乎刺激了山姆的某種神經，他積極去說服別人加入聯誼會，接受競爭對手的挑戰，使得他體內欲動的雄心膨脹起來。同時他也愛上了這種與他人交換思想和表達自己意見的生活模式。

在這自由而開放的大學生活中，山姆似乎找到了自己的棲息之地，他認真地扮演自己的角色，就像準備一場輝煌的演出一樣。回想起當時年少壯志的情景，山姆坦承自己有過成為總統的想法，並用這種想法來不斷激勵自己。在這些社團活動中，山姆不斷揣摩成為校園領導的要領和秘訣。在這座充滿活力的大學校園中，山姆將嶄露出自己鋒芒的頭角。

第二章 嗨！小凱撒

伸出自己的橄欖枝

古老的密西西比河和密蘇里河猶如兩條綿延的絲帶並流在美國的這座內陸州上。兩條奔騰的河水，不僅孕育了千里沃野，還滋養著這所著名的密蘇里大學。正如馬克．吐溫在《湯姆歷險記》中描述的那樣，無比奇幻的自然風光，和純樸的人文生活，如同一個夢幻的樂園。山姆懷著無限的熱情在這裡度過了他的大學生涯。他在學校主修經濟學專業，輔修過很多雜七雜八的專業，這段時間幾乎成為他一生中最忙的時光。

不知道是因為山姆從小的生長環境，還是因為大學攻讀的經濟學專業所致，山姆的頭腦中有著精明而活躍的氣質。像那些單純的聯誼會工作，以及各式各樣的兼職活動並不能完全滿足山姆想要獲得的存在感。因此他總想找一些更能證明自己存在感的事情，於是他把自己的「橄欖枝」投在了自己力所能及的地方，「小凱撒」便是在這期間他得到的名號之一。

在密蘇里州大學的《大學聯誼會報》上，有一篇名為「活力四射的山姆·沃爾頓」的文章，文章中這樣寫道：

「山姆是眾多學生中一個特例，他能夠叫得出每一個守衛的名字。他在教堂裡傳遞勸人捐助的盤子，也喜歡參加各種活動。而他的這些領導才能已成為許多成功的基礎。他總愛穿軍服，使他得了個『小凱撒』的名號。此外，他還擔任過讀經班的班長，因此人們又稱他為『教堂執事』。」

這兩個名號，「小凱撒」聽起來更加響亮。凱撒，這個受到羅馬人狂熱崇敬的「無冕之王」，代表著他在羅馬帝國的特殊地位。正如拿破崙曾說：「我一生中只佩服凱撒，如果一個軍官不知道凱撒，就不配拿槍，更不配拿刀指揮。」在這樣的人名前冠上「小」，說明至少在這座大學裡，山姆已成為人們心中無法取代的強勢英雄。

等他意識到這一點時，他已經朝著自己的新方向邁進了一大步。

山姆很早就領悟到了成為一名領導人的秘訣，這些秘訣無非就是日常生活中的一些基本事物。比如，他在送報紙的時候知道對迎面走來的人親切問候，不管是否認識，總要在對方開口前，說上一句：「你好，親愛的朋友！」他的招呼方式不像普通人們之間的寒暄，而是友善地看著對方，沒有絲毫膽怯和羞澀。就這樣山姆認識了越來越多的朋友，並慢慢與他們熟絡起來。

在此之後，山姆有了更大的計畫，他盯上了學生會主席的頭號寶座。

密蘇里大學如同一張人才的網絡，學校裡處處臥虎藏龍，每位候選人都各顯身手，因此學生會主席的競選過程十分激烈。誰都希望同學們能夠把票投給自己，山姆也不例外。

究竟怎麼樣做才能為自己拉到更多的投票？

當競選的海報貼滿校園的各個角落，宣傳單飛揚在校園的各處草叢，演說者在學生群體中穿梭時，山姆只是默默地關注著一切。他並不擔心自己會在競選中落選，因為他早已為自己的競選制定了一連串措施，他相信自己會在競選中獲得勝利。他的計畫是，除了讓每位同學都認識自己以外，他還要叫出每位同學的名字，並與他們成為朋友。

沒過多久，他與人們打招呼的語句成了另外一種方式：「嗨！你好，我是山姆，山姆·沃爾頓！」他還時常與路人攀談起來，「嗨！亨利，我們又見面了，你好嗎？」「嗨！莎莉，最近好嗎？」山姆說的無非是那些如同家常便飯的話，但是他誠懇的語氣和天使般的笑容，如同溫潤的陽光，感染了所有與他接觸過的人。

就如他所說的那樣，他從來沒想過自己會輸球，贏球是自己理所當然的權力，當選為主席也是他理所當然的權力。就這樣，他順利當選了這所大學高年級優等生協會的主席（QEBH），同時還擔任了密蘇里大學校園美國後備軍訓練團的精銳部隊「鞘與刃」的隊長和主席。

參與這些校園活動和擔任這些職務並沒有影響到山姆的學業。等到 1940 年，山姆順利拿到大學畢業證書時，還有誰會懷疑他的學習能力呢？他對讀書的熱情就像他喜歡各種體育運動一樣，不會忽略任何一個科目。也正是源於他學習的熱情，他還計畫著畢業之後去賓夕法尼亞州的華頓學院深造。

頭號推銷員的本領

在美國華盛頓有一所名為布魯金斯學會的智庫學校，創辦於 1927 年。這所學校以培養世界上最偉大的推銷員著稱，被評為「美國最有影響力的思想庫」。它有一個傳統，那就是在每期學員畢業時，設計一道最能體現推銷員能力的實習題，讓學員去完成。

柯林頓當政期間，他們出了這麼一道題目：請把一條三角褲推銷給現任總統。8 年間，有無數學員為此絞盡腦汁，但最後都無功而返。柯林頓卸任後，布魯金斯學會把題目換成：請把斧頭推銷給小布希總統。

2001 年 5 月 20 日，美國一位名叫喬治．赫伯特的推銷員，成功地把一把斧頭賣給了小布希總統。布魯金斯學會得知這一消息後，把刻有「最偉大推銷員」的一隻金靴子贈與了他。這是自 1975 年該學會的一名學員成功地把一臺微型錄音機賣給尼克森以來，又一學員跨越了如此高的門檻。

如果追溯到60多年前，山姆．沃爾頓得知有這樣的推銷題，山姆會不會躍躍欲試呢？

山姆的高中是在希克曼中學上的，從那個時候起，他就靠自己的雙手和他那靈活的頭腦賺取足夠的錢。他甚至調侃自己說：「家裡又沒有多餘的錢，如果有的話父母當然願意幫助我。但是他們沒有錢，我就得自己賺錢，參加活動的會費，買衣服買鞋。當然，還包括我交女朋友的錢。」

上大學後，山姆學習工作兩不誤。他不僅學習成績優異，同時也身兼數職，其中一份重要的工作就是組織《密蘇里人報》的投遞工作。投遞過程中，他不停地推銷報紙，以獲得等多的訂戶。

當時的《密蘇里人報》發行經理埃茲拉．恩特里金談起山姆時，這樣評價他：

「雖然我們只是雇用山姆去送報紙，但他實際上成了我們的頭號推銷員。每當學校開學時，我們就舉行一個徵訂活動，希望能在大學聯誼會和女生聯誼會的學生中徵求訂戶。山姆做得相當不錯，他能比其他人取得更多的訂戶，而且對我們忠心耿耿，他就是我們最想要的那種學生。除了幫我們送報紙外，他還同時做著很多其他工作。雖然，他偶爾也會有點注意力不集中。不過他有那麼多事情要做，忘記其中一兩件也是情有可原的事。況且，當他集中注意力做某件事時，他絕對是做得最好的一個。」

山姆確實是最出色的一個，他設定了好幾條送報路線，並且還雇用了一個人幫忙，把這個送報業務做得越來越大。事實上，據山姆回憶說，他那時一年可以賺到4000到5000美元，這在大蕭條時期是一筆相當可觀的收入。據統計，大蕭條後的密蘇里人只有不到1.6%的人能達到每年3000－4999美元的收入水準。而山姆的收入遠遠地高過了這個數字。

除了送報紙這項主要業務外，山姆還曾擔任過游泳館的救生員，有當年參加童子軍救人的經歷，這份工作顯然難不倒山姆。此外，山姆還在餐廳擔任過侍應生，儘管在餐廳並沒有多少錢可以拿，但這卻絲毫沒有影響到他的熱情，因為侍應生可以在餐廳免費享用豐盛的一日三餐。

山姆的大學生活無限豐富，他開始考慮自己未來的事業了，他想成為一名保險推銷員。這個想法來自於他高中時期的一位女朋友，當時那位女友的父親是美國通用保險公司的一名保險推銷員。在那個年代，推銷被看作是一種很討人厭的工作。很多人一聽到「推銷」兩字就遠遠躲開了，更別提保險推銷了。但是山姆並沒有對這份工作有任何歧視，他曾經和這位女友的父親談過保險推銷的業務，他說自己非常佩服這個行業的從業人員，也極為佩服這位保險推銷員的業務能力。因此，他從心裡認為，推銷員能夠賺取世界上所有人的錢，大學畢業之後做推銷員是最理所應當的事。

山姆除了有推銷報紙的經驗外，早在他孩提時代時，就有推銷員的從業經驗了。他賣過

《自由》雜誌，每份賺5美分，這是當地小鎮上很多人都清楚的事情。但是，很多人並不知道的是，他還賣過《婦女家庭良伴》雜誌，讓他賺得更多的錢。

儘管後來他和女友分手了，也沒再見過那位女友的父親。但是他那些宏偉的推銷計畫還一直延續著，他甚至想大學畢業後去賓夕法尼亞州的華頓學院繼續深造，成為金融界的專門人才，不過升學這條路沒有像他想像中那樣順利。由於種種原因，他放棄了這個想法，或許投入到忙碌的事業生涯中也是一個不錯的選擇。

「小摳門」初探零售業

除了參與社團活動和學習之外，大學期間山姆都在打工賺錢。可是畢業近在眼前的時候，這時他才意識到，雖然他能夠保證自己的打工事業不影響到學業，但那些微薄的薪水不可能支付得起繼續深造的昂貴學費。

在意識到這個情況後，山姆不得不開始重新規劃他的人生。不過他並沒有完全放棄他的金融夢想，他決定先去工作一段時間，等賺到足夠的錢後再去進行深造。

想好了該做什麼後，年輕的山姆開始行動了。他先去拜訪了兩家參加過學校招聘會的公司，跟負責招募的人員進行了愉快的交談。這兩家公司都對山姆很感興趣，願意為他提供職位。最後，山姆決定去J．C．彭尼公司工作，並婉言謝絕了西爾斯婁巴克公司的好意。

山姆在參加完大學的畢業典禮之後的第三天，也就是1940年6月3日那天，開始了自己在J．C．彭尼公司的職業生涯。他任職的分店位於艾奧瓦州得梅因市。

這一天在沃爾瑪的歷史上是意義非凡的，因為這標誌著山姆．沃爾頓正式進入了零售業。從這一天開始，除了在部隊服役的那些日子以外，山姆再也沒有離開過零售行業，在這個行業摸爬滾打了整整52年。

當然，此時的山姆還是一個只有75美元月薪的試用人員，在彭尼公司分店的管理部門為自己的零售業夢想累積經驗。在真正開始工作之後山姆發現，自己的內心是渴望這種狀態的，他早就厭倦了一天到晚待在學校裡研讀書本上的死板知識，這些真實的商業經驗才是他希望接觸的。而且他似乎天生就是做商人的料，他對零售業的熱愛從進入彭尼公司時就開始了，直到他去世時，這種熱愛也絲毫沒有減退。

不過很多時候，光有熱情是不能讓自己的人生一帆風順，這點山姆很快就意識到了。山姆工作得很認真努力，可給他帶來麻煩的卻是他那糟糕的筆跡。山姆從來也沒想過要讓自己寫一手多麼漂亮的字，儘管在後來認識了他的女友海倫。海倫經常因為他的字嘲笑他，說他的字簡直像是雞爪刨出來的。每當他寫了什麼東西讓海倫看時，海倫就會遺憾的告訴他：「親愛的山姆先生，世界上能看懂你筆跡的那五個人中，並不包括我。」

除了海倫之外還有很多人向山姆表示過他寫字的糟糕程度，但是山姆對這些意見向來不屑一顧，他的理由是，對於一個人最重要的是做事態度，字體好壞這種無傷大雅的事情是不會給他帶來麻煩的。但這次山姆錯了，在彭尼公司工作的時候，恰好是他那讓人無法辨認的字體惹了不少事。

彭尼公司在紐約的總部有位合夥人叫布萊克，他的工作內容是到全國各地的分店中巡視，審計這些商店的帳戶和考核商店裡的員工，還會處理一些其他不知道應該送到什麼部門去處理的問題。

布萊克會定期到山姆所在的分店來視察，第一次見面的時候，山姆就對這位先生產生了好感。他身材高大，總是穿著彭尼公司最好的襯衫和西服，領帶也打得整整齊齊。可惜這種好感不是相互的，這位紳士對山姆的工作十分不滿意。因為在他來到這家分店檢查帳目時，看到的就是山姆那寫得難以辨認的銷貨發票。布萊克總要皺著眉頭研讀很久，才能讀懂那上面連成一片的凌亂文字。山姆還經常不遵守操作現金出納機的規定和程序，當新來的客戶選好商品交給銷售人員打包時，山姆總是在手忙腳亂地做其他事情。

布萊克對於分店的抽查是定期的，每次他來到店裡，都會見到山姆狼狽不堪的樣子。他當然很想解雇山姆，但是山姆是個十分出色的銷售員，銷售業績在公司裡名列前茅。連布萊克都不得不說，山姆確實很適合從事零售業。

雖然布萊克常常會對山姆進行一番諷刺挖苦，但這對山姆來說非但不是什麼困擾，反倒讓他看到了自己的不足之處，有機會去積極改正。因為他的這種謙虛好學的品質，這家分店的經理對他十分看好。經理名叫鄧肯．梅傑斯，他十分瞭解該如何鼓勵員工，幫助他們發揮自己的特長，更好的創造價值。這位成功的經理為彭尼公司培養了很多人才，這些人才都成為了彭尼公司其他分店的經理。

在一個普通的星期天早晨，山姆像平時一樣在理貨，偶然間抬頭，他看到了鄧肯．梅傑斯揮舞著一張支票，高興得手舞足蹈。經過打聽山姆才知道，那是一張彭尼公司寄給分店經理的年度紅利支票，這張支票的面額竟然有6萬5千美元！這對於月薪只有75美元的山姆來說，就像天文數字一樣。這個場景給山姆和在場的其他小夥子留下了深刻的印象，他們一面感嘆著梅傑斯經理出色的工作能力，一面憧憬著他們為之奮鬥的零售業能夠創造各種奇蹟。

不過山姆畢竟沒有被這種憧憬沖昏了頭腦，在他們的大老闆，詹姆斯．卡什．彭尼來視察他所在的商店的時候，他已經冷靜了很多。這位大老闆的巡視或許不如山姆後來做的那麼頻繁，但是他的確來視察過。在經過山姆身邊時，彭尼停了下來，在看他工作了一會後，突然伸手接過來給他做了示範，告訴他該怎樣包裝和捆紮商品，用什麼樣的手法才能既節省麻線和紙張，又讓商品包裝得好看。山姆當然不會放棄這個學習的好機會，他表現得相當認真，仔細觀察彭尼的每一個動作。

彭尼公司在當時是零售業的龍頭公司，山姆很慶幸自己能夠在這裡找到一份工作。利用這個機會，他對零售業做了很多研究和調查。每天中午休息的時候，他都要到距離他的商店不遠的西爾斯和揚克商場轉一轉，看看這兩家店在用什麼方法增加商品的銷售量，他們的經營狀況怎麼樣。

山姆在彭尼公司工作了一年半的時間，這令他對零售業有了初步的認識和自己的看法，正當他的工作前景一片大好時，他卻在考慮辭職的事情。

此時，二戰局勢日益緊迫，山姆開始了他的參軍計畫。當兵是很多男人的熱血夢想，更是大多美國男性公民願意履行的義務，山姆也不例外，他想成為一名真正的戰士，希望能夠出征海外。

少尉軍官：軍中的修煉

快20歲那年，山姆收到了一張來自軍隊的應徵通知。欣喜之餘，身體檢查的結果卻是——山姆患有心律不整的毛病。儘管這種病並不嚴重，但是在紀律嚴明的軍隊中，這點毛病足以讓山姆上不了前線，只能接受後備軍官訓練團的任職。

到了1942年，二次大戰的炮火依舊沒有停息，美國的態度也隨著珍珠港的硝煙而變得明瞭，那就是加入第二次世界大戰的戰場。作為一名後備軍官訓練團的一員，此時的山姆被任命為少尉軍官。

儘管有了軍職，但這樣的安排讓山姆沮喪極了，一個熱血報國、渴望戰場的青年卻因為那點小毛病失去了勇敢殺敵的戰鬥經歷。如果說山姆有什麼遺憾的話，那肯定是他雖然參軍了，但是軍旅生涯相當地乏味，無非就是伴隨著警戒或者監督軍事生產安全的升職，這對於山姆來說可是讓他的人生溜掉了一大段難得的經歷。對此，他對他的兄弟巴德充滿了羨慕——那個太平洋艦隊航空母艦上的海軍轟炸機飛行員，「簡直棒極了！」深入敵區，展開一場驚險華麗的冒險之旅其實也是山姆最想做的事。

參軍的生涯沒能阻斷山姆與海倫的愛情，但卻讓山姆與他曾經看起來不錯的工作說了再見。雖然山姆認為在彭尼百貨店的工作很有收穫，讓他開始關注零售業的競爭勢頭，但是為了等待服役的安排，山姆辭去了在彭尼百貨店的銷售工作，在塔爾薩附近的普賴爾鎮的大杜邦彈藥廠幹起了活。

可是這些都沒有影響山姆從事零售業的決心和行動，在軍營歷練的幾年中，山姆雖然一直沒能上前線，但必要的軍事訓練還是少不了。他在軍營裡練就了好身體，也學習了射擊。

軍營歷來是氣氛嚴肅、活動簡單的地方，但山姆總有本事讓生活變得一點也不枯燥。單調的軍營生活讓他有大把的時間花在閱讀上，得閒就翻開那些讓他後來受益終身的知識——

管理學。

山姆經常在駐地圖書館翻閱有關管理學的書籍，拿小本子記下來一些他認為很有道理的話。當然，這些遠遠不能滿足山姆的求知欲，他還會花很多時間來看看經營零售業的實例，從中獲取經驗，比如他最稱道的猶太人合作商會和摩門教會的百貨店。

其實，早在入伍時，山姆在閱讀和思念海倫的日子裡逐漸確定了自己人生的兩大目標。一個是與海倫結婚，組建自己的家庭；另一個就是從事零售行業，由此來開啟自己的事業生涯。正是這兩個目標成就了山姆的一生。

1943年，山姆與海倫喜結連理，這標誌著山姆人生一大目標的完成，也是山姆真正生活的開始。

第三章 五分錢雜貨店

沃爾頓5分錢商店

山姆和妻子都希望能夠有自己的事業，並且想在聖路易斯開始一片新的天地。但是夫妻倆的存款不多，家裡能夠用來創業投資的也不過五千美元，想要完成山姆現階段的目標就必須要尋找一個事業的合作夥伴。

山姆想起來他的一位老朋友湯姆・貝茨，湯姆與山姆真是志趣相投的好友。在山姆還在謝爾拜納的時候，就已經聽過湯姆的名字了，不過那是因為湯姆的父親是城裡最大百貨商店的老闆，這是很受人矚目的身分。然後在山姆在密蘇里大學求學期間，湯姆和山姆又相遇了，並且還在貝塔－賽塔－派聯誼會中成為了很要好的室友。也許真的是緣分，在山姆快退伍的時候，在聖路易斯遇見了湯姆，這時候湯姆也萌生了投身商業，尤其是百貨業的念頭。

湯姆在公司管理上的經驗不遜於山姆，他一直在巴特勒兄弟公司的鞋靴部門上班，而巴特勒兄弟公司在當地是一家非常有名的零售商。湯姆向山姆介紹了巴特勒兄弟公司的經營狀況，它是由兩家特許經營的連鎖店組成：其中一家主營業務是百貨，由這些小型百貨店組成連鎖商店名叫「聯合百貨店」，另外一家主營雜貨，這種經常被稱為「五分錢商店」或者「一角錢商店」的雜貨店組成連鎖店名叫「班．富蘭克林商店」。湯姆覺得這種連鎖店很有發展前途，建議山姆與他各自投入2萬美金，加盟聖路易斯市內德爾馬大街上的連鎖店。

面對這樣的機會，山姆的太太海倫也表態了：

山姆，我們已結婚兩年而且搬了16次家。現在我將跟你到任何你想去的地方，只要你不要求我住在大城市裡。對我來說，有一萬人的城鎮就夠大的了。所以任何超過一萬人的城鎮沃爾頓一家都不考慮設店。也不要搞合夥企業，搞合夥風險太大。

海倫一直有一個想法，可能是出於她所學法律的一個觀念，那就是「要幹一番事業，唯有走自己幹的道路。」海倫是個非常聰明的女人，在我們現在看來，她的這一想法簡直就是後來十幾年裡沃爾瑪公司一個長期的發展路線，那就是獨自發展小城鎮戰略，慢慢擴大企業規模。這一切，讓人不得不感慨山姆身邊有個非常得力的女人。

山姆非常信任自己的妻子，於是他選擇了去巴特勒兄弟公司看看，尋找公司有沒有新的機會。恰巧這時候，巴特勒兄弟公司裡有一家在阿肯色州紐波特的班．富蘭克林雜貨店要出讓經營權，這對於沃爾頓家可是個難得的好機會。

阿肯色紐波特東部的密西西比河三角洲地區，是一個人口不足一萬的小城鎮，但卻是個交通樞紐站，是棉花集散地和鐵路的交會處，既符合海倫說的小城鎮戰略，又有足夠的貨品需求能保證商店的生意。

於是，山姆馬不停蹄地就要去考察一下這家位於紐波特的雜貨店。由於當時還在軍隊，山姆當時是穿著軍裝來到店裡的。帶著滿心期待，卻在踏入夢想之所的時候，山姆被澆了一盆冷水——原來這家店連年虧損，生意糟糕。明眼人看來，顯然山姆就是那個「替罪羊」，巴特勒兄弟公司騙他來這裡跳進火坑。但是年輕的山姆血氣方剛，竟然迫不及待的想要證明自己，用他自己的話說就是：

「當時我27歲，充滿信心，但是我的首要問題是不懂得如何評價這件事情，所以就迫不及待地陷了進去，我以兩萬五千美元買下了這個店面——其中5千美元是我們自己的積蓄，2萬美元是向海倫的父親借的。我對合約及諸如此類的事情幼稚無知，後來這種無知反過來又嚴重地困擾著我。」

山姆雖然在一時衝動下決定要買下這家店面，但是金錢上的困難確實存在，山姆只有求助於他的老岳父——羅布森先生。

羅布森先生是一位在事業上非常成功的人，不論是做律師還是銀行家，甚至是農場主，他都稱得上出色，更令人稱道的是羅布森先生對子女的這份心。他一直非常支持女婿女兒的事業，對山姆滿懷信心也願意為孩子慷慨解囊。家中有這麼一位老人，不得不說山姆是一個非常幸運的人。

雖然在很多人看來山姆是跳進了一個火坑，但是山姆始終相信在紐波特的班．富蘭克林商店一定會漸漸走上正軌，慢慢變成整個阿肯色州頂尖的雜貨商店。

可是不得不說，山姆漸漸發現這家商店的基礎差得可以，每年只有72000美元的營業額，房租卻要交到業界中最高營業額的5％——只有傻瓜一樣的店主才會去這麼做。

當然，對於這個爛攤子，天價房租還不是最糟的，街對面的斯特林商店才是最要命的。它一年的營業額整整是班．富蘭克林商店的兩倍，而且經理還是個精明的生意人，名叫約翰．鄧納姆，管理商店有不少年經驗。這讓山姆這個在獨立經營雜貨商店上如一張白紙的新經理壓力倍增。為了讓山姆更好地適應新商店的管理，巴特勒兄弟公司還把山姆送到阿肯色州阿卡德爾菲亞的班．富蘭克林商店進行了為期兩週的培訓，平時也會不時對山姆的商店進行指導。但是畢竟「遠水解不了近渴」，一切還是得靠山姆自己。

1945年9月1日，對於沃爾頓家族來說是個大日子，這一天山姆的第一間雜貨商店——班．富蘭克林商店正式開張了。這家店在小鎮的中心，地理位置還算不錯，臨街，不遠處就能看得到鐵路。山姆的這家店是典型的舊式雜貨店，銷售一些剪刀、布匹等，一排貨架前面一米左右是櫃檯，中間就是忙碌的店員為顧客拿放貨品的走道了。

「叮叮噹噹」的霜淇淋機

當孩子們一手拿著霜淇淋，一手捧著爆米花，興高采烈地遊走在雜貨店的過道上時，山姆的臉上洋溢著燦爛的笑容。那些「叮叮咚咚」的嘈雜聲音似乎是一種預示，預示著山姆的生意人來人往，紅紅火火。

在山姆的努力奮鬥下，紐波特的班．富蘭克林特許經營店蒸蒸日上。不到三年，山姆夫妻倆就還清了貸款——岳父羅布森先生借給他們買店的2萬美元，另外還小賺了一筆，可以說山姆終於能夠一身輕鬆地開始真正屬於自己的經營了。在這幾年開店的過程裡，山姆累積了不少的經驗，又敢想敢做，班．富蘭克林商店逐漸壯大起來。

在這期間，山姆嘗試了許多創新的銷售方法。其中一種促銷手段，就是靠霜淇淋做出了顧客期待的「新鮮感」。

山姆在班．富蘭克林商店門口的人行道上放置了一臺爆米花機，雖然山姆的本意並不在於靠它盈利，但是爆米花機的生意卻出人意料的好。山姆考慮到是人們覺得這樣的小食品機很新鮮，嘗過爆米花之後又覺得口味不錯，於是決定再增設一臺霜淇淋機來滿足人們的這種

「新鮮感」。

不過「新鮮」也伴隨著「未知」，誰也不知道大家對於商店霜淇淋機的反應如何，畢竟在那個時候這樣的銷售方式可真是不多見，在那個時候霜淇淋機的價格高達1800美元，對於山姆一家簡直是個天文數字，而且在那個時候很可能出現為了一種新霜淇淋機而傾家蕩產的情況。

考慮再三，山姆還是決定購買一臺霜淇淋機，並第一次去銀行進行貸款，因為店裡的周轉資金為了商店的運轉是不能輕易挪用的，這是山姆的原則。事實證明，山姆真是做生意的天才，他不僅在霜淇淋機上市後不久還清了貸款，他的選擇也讓沃爾頓家的百貨店又晉升了一個新的臺階。

紐波特的每個人聽說在市中心的一家叫班·富蘭克林商店門口有一種新奇的玩意兒——機器運轉時叮叮噹噹，但是可以做出好吃的霜淇淋時，都想親身到店裡去看看，也嘗嘗。巴特勒兄弟公司早期的合夥人之一查利·鮑姆在看到爆米花機和霜淇淋機為商店帶來了不少利潤時，曾感慨這項新鮮的商業行為是一種非凡的實驗，並且實驗的結果無疑是成功的。查利說：「我們公司還從來沒有另一家特許店擁有這種叮噹作響的霜淇淋櫃檯——一種製霜淇淋機。人們就是衝著這個到山姆的店裡來的，這真是一種新奇的玩意兒。」

新奇玩意兒——霜淇淋機需要每天按時清洗，班·富蘭克林商店也是非常嚴格地執行衛生條例，但是夏天生意太好了，打烊以後所有人都累得就想回家休息，有一天就忘記了清洗機器。於是第二天，山姆一進店發現櫥窗裡都是蒼蠅的身影，那些蒼蠅都是從那個黏膩的霜淇淋機的內部飛出來的。毫不誇張地說，那一刻，山姆覺得那些噁心的蒼蠅都是惡魔。不過這次的經歷也給班·富蘭克林商店提了個醒，山姆總是能把教訓變成經驗。

沃爾頓一家在經營上的創新被人稱道，山姆·沃爾頓的弟弟巴德·沃爾頓曾在接受媒體採訪時大加讚揚哥哥初期開店的經營之道，不過他可沒有忘記霜淇淋機的小插曲，他說道：

「我們做過一切事情。我們清洗櫥窗，打掃地板，佈置櫥窗。我們也幹所有儲藏室要幹的活，登記入庫的貨物。幹經營一家商店所要幹的一切活。我們必須把開支限制在最低程度上。這是我們在數年以前就開始這樣做的。我們就是透過控制經營費用而賺到錢的。這方面山姆總是很有辦法。他總是不停地嘗試做一些別出心裁的事情。雖然有一件事我不能原諒他：他要我清洗討厭的霜淇淋機。」

除了霜淇淋機，山姆還在店裡銷售呼啦圈，這是自己家製作的呼啦圈，品質過關而且價格低廉。這種有益於小孩子健身娛樂的玩具一上市，就立刻被有孩子的人家「掃蕩一空」，沒過多久紐波特城裡的小孩幾乎人手一個沃爾頓家商店的呼啦圈。當然，山姆的算盤打得響，哪個媽媽來到商店只買一件呼啦圈而不看看其他東西呢？

在一次次的新奇想法下，山姆的商店經營得越來越好，他甚至提出採用新的經營方式——開架自選。這種方式不是山姆的首創，因為在20世紀30年代就有一些食品商店採取了這樣的銷售方法，這是當代超市經營的雛形，但是在山姆開店的50年代的美國，這種全新的方式還沒有多少家商店採用。

除了為自己的商店增添新對象吸引顧客以外，山姆還對自己競爭對手的動向十分機警，因為這也直接影響著班．富蘭克林商店的客戶群。山姆最大的競爭對手是位於黑澤爾大街轉角處的斯特林商店，雖然斯特林商店的經營面積並不大，但是店主約翰．鄧納姆經理經營有方，在紐波特城裡也贏得了很多固定的顧客。

班．富蘭克林商店的山姆在不斷提高自己商店的銷售業績的同時就時常關注對手的動態，這讓他的商店在幾年內不斷提高了銷售額，從剛接手時的7.2萬美元營業額一舉達到了第三年的17.5萬美元，超過了當年不敢企及的斯特林商店的年營業額。

斯特林商店也不甘於被超越，也在尋找合適的發展機會，老約翰準備買下隔壁的克羅格雜貨店以擴大自己的店面，這對於班．富蘭克林商店來說將會是個不小的衝擊。得知這個消息後，山姆馬上趕到了克羅格雜貨店女主人的家，曉之以理動之以情，用一個下午讓她把租賃店面的機會留給了山姆，這一下讓山姆舒了一口氣。不過，這突然增加的店面也讓山姆不知所措了一陣，因為他本意並沒有開設分店的計畫，但是出於商業利益的考慮，山姆是絕不能讓斯特林商店獲得克羅格雜貨店的使用權的。左思右想，山姆做出了一個決定——用新租來的店面開設一家小型的百貨商店。

百貨商店與班·富蘭克林商店的經營不一樣，經營百貨商店對於山姆又是個全新的挑戰，巴特勒兄弟公司的查利·鮑姆這次幫了山姆不少忙。查利·鮑姆不僅是巴特勒兄弟公司的監督員，更是個商店佈置的好手，他能把雜亂的商店佈置得整潔且有新意，是山姆認識的最棒的商店設計專家。

他們一起制定了一個新商店的計畫：首先要進行準備，訂製商店的新招牌、訂購新的貨架、採購各種可銷售的貨物等。山姆給新店起名為「伊格爾百貨商店」，然後他跑了很多的地方，採購了包括襯衫、長褲、夾克、背心在內的各種服裝，還有一些日常用品。接下來，山姆和查利把從火車上運來的新貨架搬運回店裡，拚接、組裝、擺放、上貨一連串的工作花了近一個禮拜。準備的過程是辛苦的，但是開張的那天讓山姆還是興奮不已——伊格爾百貨商店的開業意味著，在紐波特的前大街上擁有了兩家沃爾頓商店。

隨著商店由一變二，山姆的工作量自然有增無減。當時，紐波特前大街的居民總能看見一個男人忙忙碌碌地奔波在班·富蘭克林商店與伊格爾百貨商店之間，雖然辛苦但是山姆卻很享受奮鬥的感覺，多年以後他對家裡人說：「事實上，我想我不停地忙忙碌碌和不滿足於現狀，這也許是我對日後沃爾瑪公司的成功所做的最大的貢獻之一。」

辛苦歸辛苦，但擁有兩家店對於山姆來說，絕對是個資源合理配置的好機會。現在的山姆可以充分調動兩家店的優勢，比如可以讓某些在伊格爾百貨商店賣不動的產品放到已經在紐波特有些名氣的班．富蘭克林商店出售，帶動了伊格爾百貨商店的經營。雖然伊格爾百貨商店相較於班．富蘭克林商店可以說基本賺不了錢，但是在山姆的經營下也是有聲有色，實在忙不來的時候，山姆為伊格爾百貨商店雇用了他的第一個經理助理。

不論山姆後來取得了多麼輝煌的成績，他仍然覺得初期的創業給了他今後從事百貨業的許多經驗。山姆認為，下定決心、充滿精力、保持熱情、不怕犯錯都是必不可少的先決條件，只有這樣自己才能夠全身心投入自己的事業，伴隨它成長。當然想成為優秀的管理者或企業家，更需要善於觀察、勤於思考、樂於探索，這是山姆多年實踐經驗的總結。

山姆就是這樣，因為零基礎的他剛開始經營時，完全都是按照巴特勒兄弟公司的加盟指南行事。但是漸漸地山姆發現這些東西遠遠不夠，很多突發情況必須要自己想辦法解決和處理，另外，如果想讓自己的店有更長遠的發展，也必須要有一些獨到的、與眾不同的想法。

「偷學者」與「創造者」的秘方

做任何事都需要不停學習，尤其是山姆接手班．富蘭克林特許經營店以後，沒有任何經驗的他就更需要多學習各種管理知識，並逐漸實踐運用到商店的管理營運中。本來山姆就喜歡讀書，從書本上學習這些理論不是件難事。不過，學習的定義遠不止於此。山姆的妻子海倫說：「事實證明，經營一家商店有大量東西需要學習。當然，真正推動山姆的是來自街對面的競爭——約翰．鄧納姆的斯特林商店。」

山姆從同行身上學習，他經常觀察街對面的斯特林商店，看看約翰．鄧納姆是如何管理商店的。山姆總是站在商店的櫥窗旁，一偏頭就能看見斯特林商店的商品陳列，看看老約翰是如何讓有限的地方放置更多的商品；山姆經常拿著斯特林商店的廣告銷售單，對照自己商店的商品看看差價；山姆還去斯特林商店轉轉，注意觀察老約翰在店裡的行為，如何與顧客說話，如何管理人員等等。

斯特林商店的老約翰對山姆這個「偷學者」深有感觸，海倫對於丈夫從斯特林商店取經的事情記得非常清楚：

「後來，在我們離開紐波特很久以後，約翰已經退休了，我們去看他，他總是取笑山姆老是在他店裡轉。但是我確信他以前對山姆的這一做法肯定很惱火。在山姆以前，約翰從未有過一個有力的競爭對手。」

漸漸地，對於山姆而言，從已有的知識和同行上學習已經不能滿足他對經營的需求了。山姆在班．富蘭克林商店的管理中，掌握了很多開辦企業的技能和技巧。從巴特勒兄弟公司對各個獨立商店的經營計畫中，山姆學到了大量有關經營管理的知識，這是經營商店一套必備的程序；從班．富蘭克林商店一套工作手冊中山姆理清了何時應該做什麼，何時應該怎樣做；山姆還對班．富蘭克林商店的會計制度、財務帳單進行仔細研究，將商業報表分類對比，比如應收帳單、損益帳單、「對照昨日帳簿」等等，可以參考其銷量紀錄來進行預算。

雖然有些程序的確比較刻板，但是這樣統一標準的經營計畫對於一個沒有任何管理經驗的年輕經理來說就像是個萬事通，讓他在商店管理中不像無頭蒼蠅，並漸漸摸出了門道，如魚得水了。

但是不得不說，統一的標準對於所有商店是不是都完全合適也是要具體問題具體分析，巴特勒兄弟公司對於特許經營店的經營者要求十分嚴格，不允許他們存在過於寬泛的自行處置權。

巴特勒兄弟公司在前期會進行市場調研，確定顧客的需要，然後按照這種需要在芝加哥、聖路易斯或堪薩斯城設置自己的商品集散地，把貨品批發給特許經營店。即使說經理對於貨品有選擇權，但是商品也是在公司集中調配下規定了價格的。

公司規定特許經營店必須從總部訂購至少80％的商品，如果不這樣山姆就拿不到總公司的年終獎，還要有損商店的利益。公司還規定了盈利率與員工、廣告之間的比例關係——如果你想獲得6％的淨利潤，那麼就得雇用公司規定好的員工數量和在城鎮裡發行一定比例的廣告。

這樣的「霸王條款」讓特許經營店失去了特色經營的可能，經營商也不好賺錢，所以擺在山姆面前的是需要嘗試創造新的出路。

在這種形勢下，新的促銷計畫應運而生。山姆主動聯繫起了商品製造商，希望能夠直接以出廠價購買貨品，這樣可以節省25％的成本。在一次次與製造商的口舌交鋒中，山姆碰了不少壁。因為很多製造商不願意觸犯合作多年的巴特勒兄弟公司，沒有必要為其中一家班·富蘭克林商店開先河。不過在尋找這些非傳統的供應來源的時候，山姆也結交到了一些朋友。比如在尤寧城有一家賴特貿易公司願意以低於班·富蘭克林商店的批發價格為山姆的商店提供一些百貨。

山姆日漸在進貨管道上獨闢蹊徑，在密西西比河找到了「購物的天堂」。山姆形容那時候的生活：

「我會在店裡忙碌整個白天，然後在店打烊後駕車上路，一路上風塵僕僕趕往位於密蘇里州科登伍德波因特的密西西比河渡口，進入田納西州，我的汽車後面掛著一輛自製的拖車。我通常會在汽車裡和拖車上塞滿我按優惠價買到的任何貨物——通常是一些好銷的紡織品：女人的緊身褲、尼龍襪、男襯衫等等。我把它們買回來，再按低於其他商店的價格出售。」

低廉的價格讓山姆的商店在周邊難遇敵手，更重要的是，他的這種做法把巴特勒兄弟公司管理班·富蘭克林連鎖店的那夥人氣得半死。因為這樣下去，他們無法在山姆商店的銷售額上抽取獎金，也失去了在採購上的控制權，還要擔心是否有其他特許店效仿而造成更多損失，總之就是削弱了他們不少的競爭力。

隨著商店規模的擴展和名氣的擴大，山姆選擇了向田納西州以外的地區拓展業務，這樣不僅能從其他地方找到更合適的貨源，也有利於山姆觀察其他州的市場環境。這樣，山姆透過信件認識了位於紐約第七大街505號的韋納採購服務公司的哈里·韋納，並逐漸開始合作。

哈里的工作簡而言之就是「仲介」，他那裡有幾乎所有製造商的資訊和貨品清單，誰需要從製造商處採購就可以透過他的關係網找到合適的工廠，哈里從中收取5％的仲介費。這樣的方式雖然不算是最划算的，但是相對於班·富蘭克林連鎖店的25％佣金，5％的費用對於山姆來說是非常划算的，再說韋納這種職業存在的價值就是在於他提供的製造商的資訊確實可靠，並且貨真價值。

在與哈里·韋納的合作中，山姆不僅採用了一種新的進貨管道，更做了一筆受益終身的生意，妻子海倫稱之為「緊身褲價格戰」。按照班·富蘭克林商店的規定，如果購買腰部帶有鬆緊的雙線斜紋緞的緊身褲，山姆需要花費每打2.5美元（12條）進貨，再按照1美元可購買三條緊身褲的價格出售，這樣每打可以賺取0.5美元。但是如果從哈里那裡直接進貨，可以是每打2美元的價格，不過山姆可沒有選擇繼續用「1美元三條」的價格以賺取成本上的差價。洞悉消費者心理的山姆考慮到一個人人都明白的道理：

「比方說我按 80 美分買進一件東西，我發現如我按 1 美元定價出售，其銷售量是按 1.2 美元定價出售的銷售量的三倍以上。每件商品所賺的利潤也許只有按 1.2 美元定價的一半，但由於我賣出了三倍的貨物，總體利潤大大增加了。」

薄利多銷——這是山姆認為自己曾經做過的一筆最好的生意，不僅促銷了緊身褲，而且為商店做了名氣上的推廣。這種思路最終改變了全美零售商的銷售方式和顧客們購買商品的方式，也一直影響著山姆以後的經商之路——「這種思想最終成為沃爾瑪公司經營哲學的基礎」。

在經營中汲取經驗，在創造中嘗試創新，是山姆在班·富蘭克林公司工作的幾年裡讓商店從一個爛攤子變成當地最好的企業的原因之一，這就是山姆成功的秘方。

成功的百貨店歿於租賃條款

正當事業紅火起步時，一場不小的「災難」降落到這個家庭，幾乎澆滅了山姆心中燃起的熊熊烈火。

1950 年春天，已過而立之年的山姆開車載著海倫和孩子們開始了他們這場特殊的旅行。所謂的「特殊旅行」，是因為山姆是帶著失敗後沉重而複雜的心情參與進來的。因為在這樣的年紀，山姆只剩下胸中滿腔的經驗，還有始終陪在自己身邊的妻子和四個可愛的孩子了。是啊，誰會料想到自己苦心經營的店鋪就這麼沒了，他上哪裡去尋找新的落腳處，去哪裡東山再起呢？

回想起他們在紐波特的生活，山姆一家人總是盡力地融入到社區活動中，並且加入了當地的教會。山姆希望透過這種方式來組織一家人的生活，並且與當地的居民構成一種關係紐帶。一方面，山姆深知自己的妻子海倫是在教會中成長的，他希望自己的孩子們也能夠接受教會教育的督導；而更重要的另一方面是，教會是小鎮社會的一個重要組成部分，投身於教會能夠打磨好與這個生活環境的關係，即使不能安居樂業，至少也能順風順水的生存下去。

海倫對丈夫的想法深信不疑，她醉心於一個叫做「機會均等」的組織，這個組織主要是關於國際婦女組織的工作。海倫帶著孩子們一起加入，希望孩子們能夠受到這種奉獻文化的薰陶。

儘管經營小店十分忙碌，但是山姆幾乎一有空就參與城裡的一切活動，並且加入了一個國際性的群眾服務社團——扶輪社。在那之後，他當上了當地商會會長，並且成為行業委員會的首腦人物。山姆認為只有多參與這些社區活動，才能瞭解整個小城鎮的動向，為小店的經營開展更多的道路。正是由於山姆的活躍，他的名氣漸漸大了起來。

一天，一位衣冠楚楚的男士突然造訪山姆的小店，當這位男士與山姆打上照面時，山姆嚇了一大跳，而那位男士則是一臉不可思議的表情。其實他就是山姆曾經受雇的彭尼公司的經理布萊克。

布萊克在見到山姆之前，原本是去紐波特鎮巡視公司下屬的一家商店的，而恰巧這家商店就在山姆小店的旁邊。由於跟彭尼公司的商店沒有任何競爭關係，因此兩家保持著較好的關係。

這位小店經理在與布萊克攀談時，正好談到山姆在這裡創業的事情，他對布萊克說：「山姆曾經是彭尼公司的雇員，幾年前來到這裡創業，做得非常棒。他買下了班·富蘭克林店，並且使這個店的銷售額提高了一倍多，現在又擔任了商會的會長。」

布萊克驚嘆之餘，並不相信經理說的這個人就是自己曾經挖苦他「不可能有所作為」並且字寫得異常糟糕的那個山姆。為了證實自己的猜測，布萊克隨經理踏入旁邊的那家小店。幾年未見，此時的山姆顯得更加成熟穩重，他們如同老朋友見面那樣，相互問候著擁抱了一下，然後詳談了一下自己的近況。

事實上，這個時候山姆確實是比較成功的，就他經營小店的這幾年，平均每年的營業額已經達到了25萬美元，一年的利潤也將近有4萬美元。無論是從營業額來講，還是從利潤來說，山姆的這家小店都是阿肯色州首屈一指的商店。

但是成功來得太突然，受到的打擊也很突然。山姆從未想過自己會栽在租房合約的條款上面，他無比後悔自己沒有在租房合約上附加「房子到期後可以續租」這樣一句話。山姆回憶自己的這段經歷時，無不惋惜地說：

「在我成為貿易商山姆．沃爾頓而激動不已的時候，我在我的房子租賃契約中忘記加定一個五年期滿後有權繼續續約的條款。結果是：由於我們的成功經營而引起了諸多的無謂關注。」

山姆生意上的成功為他帶來的「災難」便是，無論他付多少房租，房東都不再將房子租給他了。儘管房東知道山姆一家人別無去處，他依然不願意將房子繼續租給山姆。受到利欲的驅使，房東居然出價買下了這家商店的經營權，甚至還買下了這家店的一切存貨和店鋪設備，就這樣坐收了山姆的一切漁利。

或許這個房東還想把店鋪傳給自己的下一代，但這已經不是山姆要追究的問題了。山姆現在要面臨的問題是要搬去哪裡呢？要去哪裡再找一個不錯的地方來開店呢？

失落和挫敗就像一窩的螞蟻糾結在山姆的心中，他感到自己像吃壞了肚子一樣，胃裡翻騰著各種混合物讓他極為難受。他有那麼一點痛恨房東，同時也責備自己的粗心，好不容易得來的成功被這個糟糕的租房合約坑害了。

如今木已成舟，山姆一家人不得不從他們辛勤經營的這個小店搬走，遠離這裡的一切關係紐帶，遠離這座正在發展的城市。如海倫後來在談到此事時，也帶著遺憾的口氣說：

「在我們離開紐波特時，它已是一個欣欣向榮的棉花城。我真是有點依依不捨。我們已在那裡建立了生活，就這樣離開真令人心煩意亂。我幾次三番對他說到這一點。至今我仍有許多好朋友在那裡。」

隨著車輛的駛離，沿途的風光和美景漸漸將失落的這一家人帶向了希望。或許他們能夠找到一個比棉花城更棒的地方重操舊業。在那個地方，山姆不僅可以經營自己的店鋪，還能出去打獵也說不定。總之，前路茫茫，一切都是未知的，而那句「我們還會回來的」這句話是否在山姆心中出現過，也未曾可知了。

第四章 班頓維爾鎮的勤儉家族

早熟、勤奮的長子

和山姆結婚的時候，海倫曾經提出過只願意在小鎮上生活，她說自己適應不了大城市的生活。起初山姆並不是特別理解，但是在他們由甜蜜的二人世界進入幸福的四口之家之後，山姆才意識到，海倫堅持生活在小城鎮的另一個主要原因是希望他們的孩子能像自己一樣，在良好的環境中長大。

夫妻二人不希望孩子們沾染上那些奢侈、華而不實的生活習慣。這些孩子出生在好時光，沒有經歷過大蕭條，從不知道一日三餐沒有著落的日子是什麼滋味。他們也希望，小鎮上平和安逸的氣氛能讓他們的家庭更和睦，關係更親密。

事實上，他們的教育策略確實奏效了，山姆一家的生活很溫馨。長子羅布森出生沒多久，山姆就在紐波特開了一家雜貨店。他們在這座棉花城裡生活了很長一段時間。海倫本來希望他們的孩子們能在這裡平安快樂的長大，可生活卻要跟這個本來幸福的四口之家開個玩笑。他們在紐波特的商店租約到期後，房東不願意繼續把商店租給他們，這讓山姆措手不及，在城中他沒有別的地方可搬。最後他只能帶著海倫和兩個孩子去尋找新的機會。

這件事曾經令山姆非常沮喪，離開的時候，海倫也對前景憂心忡忡。還好他們這家人生來就有種把逆境變成順境的天賦，否則的話，今天的我們就無法在那個名叫沃爾瑪的雜貨店裡買東西了。

山姆在以後的日子裡經常用這件事來教育羅布森：不管在什麼情況下，一定要看清租約上的條款。他甚至鼓勵羅布森成為一名律師，儘管羅布森那時候只有 6 歲。

在羅布森的記憶裡，他的童年基本上都是在商店中度過的。除了羅布森自己，他還有兩個弟弟和一個妹妹。約翰．沃爾頓是 1946 年出生的，比他小兩歲，吉姆．沃爾頓是 1948 年出生，比他小四歲。最小的妹妹是愛麗絲．沃爾頓，比他小 5 歲。羅布森擔任家中長子的角色，顯得更加早熟而敢於承擔。

山姆和海倫極力讓他們生活在被傳統價值觀包圍的環境裡，經營商店是一件很辛苦的工作，山姆一星期要工作六天，星期六的晚上本該是休息的時候，山姆卻常常在商店中工作到午夜。海倫一人承擔了大部分照顧和教育孩子們的工作。

山姆堅持努力工作的信條也影響了他們，這四個孩子的身上都具有誠實、和藹和勤儉的品德。尤其是長子羅布森，每天放學後他都會到商店幫忙，擦地、搬箱子之類的體力活都是他的工作範圍。到了暑假的時候基本上就是整天泡在商店裡，當然，沃爾頓家的其他孩子也都如此。羅布森剛考上駕駛執照的那天晚上，就開著卡車送了一車貨物到班·富蘭克林商店。在他看來，這是世界上最好的商店。

山姆是個成功的商人，他需要幫手時並沒有想到去外面雇用新的店員，而是想到了自家那四個結實的孩子。同時他也是個精明的父親，他的孩子們拿到的錢比其他員工少一些，但他同意孩子們用自己的積蓄在店裡投資。羅布森就是這樣積攢下了他的第一筆財富，投資獲得的利潤讓他有足夠的錢支付房租，還能買一些他那簡樸的父親口中的奢侈品。山姆這麼做並不是想要剝削自己的孩子，他只是希望透過這樣的方式讓他們體會勞動的艱辛。

當然沃爾頓一家並不像大家想像的那樣，都是不知疲倦的工作狂，他們也很重視一家人一起的旅行和野營。一家人擠在一輛「德索托」旅行汽車裡周遊全國的時光給羅布森留下了美好的回憶。山姆在出行前從來不喜歡制定計畫，他認為人做事就應該靈活一些，不論是旅行還是做生意。每當有人聲稱山姆的事業是建立在對龐大周密計畫的嚴格執行上時，羅布森都會和兄弟們相視而笑，對他們的父親來說，沒有哪項計畫是必須嚴格執行的，人們必須根據情況的變化不斷修改計畫。

在旅行的時候，山姆最喜歡做的事情就是到其他城市的商店看看，後來家裡的其他人也都沾染了這種習慣。有時山姆從商店回到汽車上時，羅布森會大聲問他：「爸爸，咱們不去其他的商店看看了嗎？」

這樣的薰陶讓羅布森成長為了一個出色的商人，經常的旅行讓他能充分瞭解到全美各地的零售商店。沃爾瑪商店在整個美國有6萬1千多家供應商，這些供應商都與他們保持著十分密切的關係。

把自己看作是這些供應商的夥伴而不是顧客，是羅布森一直奉行的信條，為了維持這樣的密切關係，很多供應商特別成立了一個名叫「沃爾瑪分隊」的機構。在這個機構工作的人每天的工作就是專心對自己公司和沃爾瑪的合作進行研究，並且制定相關的經營策略。

在一開始，這個分隊只是一部分供應商為了擴大客戶規模而設立的，但羅布森看到了這樣一個機構的價值，抓住了機會把它發揚光大，成為了公司的一張名片。沃爾瑪發展到今天，已經有超過700家企業為了能給沃爾瑪提供快捷方便的服務，在班頓維爾總部附近開設了自己的辦公室。

羅布森不僅繼承了父親獨特的商業眼光，也繼承了父親在為人處世上的優秀之處。1992年，老山姆剛剛去世，羅布森接替他成為了新的董事長。剛剛上任的羅布森希望能在墨西哥開一家沃爾瑪的山姆會員店，這是一次大膽的嘗試。羅布森帶著公司裡的幾個高層和一個年輕的財務主管來到墨西哥城，會見他們的合作夥伴西弗拉公司。

這次會面是沃爾瑪對外擴張的關鍵一步，羅布森對此很重視。在晚上分房間的時候，羅布森恰好和那位財務主管分到了同一個房間，身為這家公司的董事長，他沒有一點異議地接受了這個分配。這時的羅布森正在為自己的鐵人三項比賽做準備，碰巧的是，這位財務主管也是個跑步迷。

兩個人會在凌晨5點鐘就起床，在旅館到查普特佩克公園之間跑個來回，然後回到旅館吃早餐，再去開會，兩個人還經常一起為墨西哥制定發展策略，交流各自的看法。在之後的很多年裡，他都一直在為傳承家族的事業而不斷努力。

熱愛冒險的二兒子

約翰·沃爾頓，山姆家族的第二個孩子，他大概是沃爾頓家族中最與眾不同的一個人。或許是父親只留給他不安分的好動基因，因此在約翰12歲的時候，他就認為自己長大了，並且要求父親同意他去布法羅里弗對岸的峭壁攀岩。

山姆對於這個兒子的特立獨行一貫秉持放任的態度，所以當兒子提出了這個要求後，他不但沒有反對，還鼓勵他去把自己的想法付諸實踐。也許正是因為父親的鼓勵和信任，約翰才成長為了一個出色的男子漢。

山姆一度也期望這個兒子能跟其他兄弟姐妹一樣，聽話地待在阿肯色州，安穩地在沃爾瑪公司做一份工作。可惜這個提議剛一提出，就被約翰堅決地拒絕了。

約翰愛冒險，愛旅行，愛一切新鮮的事物，可就是對做生意這件事提不起半點興趣。用他的話來說，在沃爾瑪的工作「太過拘束」，他不希望被人說是因為他有著不尋常的姓氏才進入公司的。

因此，在1968年，約翰還未從俄亥俄州的伍斯特學院畢業，就報名參了軍，正像他父親年輕時那樣。不同的是，約翰很快被選中加入「綠色貝雷帽」，成為了一名隸屬於研究和觀察部隊的特種兵。這個組織中的成員都是被精心挑選出來的菁英，極其秘密，成員被俘後美國政府也不會承認他們的身分。經過嚴格的訓練後，約翰所在的隊伍被派遣到了海外，按命令執行各種任務。

約翰在戰爭中表現出色，曾經單槍匹馬擊退敵人的進攻，挽救了自己隊友的生命。這份勇敢為他贏得了銀質勳章。不過約翰並不那麼看重這份榮譽，在接受採訪時他曾表示，很多人都做過跟他一樣的事。

在他作為戰爭英雄回國後，山姆舊事重提，希望他加入沃爾瑪團隊。這次，約翰妥協了，但是剛經歷過戰火洗禮的約翰很難適應單調、枯燥的辦公室生活，他擁有飛行執照，就在公司的商務飛機上擔任了飛行員。不過，天生具有冒險精神的約翰很快就不滿足於替公司開飛機了，他用自己的積蓄在亞利桑那州和德克薩斯州開了兩家農藥公司。他親自擔任播撒農藥的飛行員，每天駕駛著單引擎飛機，在貼近地面的高度為農田飛播。在操控著飛機進行各種高難度飛行時，約翰幾乎感覺自己是在駕駛戰鬥機投擲炸彈。

很快，這廣闊的天空也不能滿足約翰了，於是他又把注意力轉向了海洋，開辦了一家三桅帆船造船廠，其實這公司不過是給他的海洋探險提供便利的一個工具而已。但令人意外的是，公司的經營狀況十分不錯，幾年前被一個澳洲人買下，至今還在營運。經營農藥公司和造船廠的這段時間裡，約翰一直努力讓自己從戰爭的陰影中走出來，他娶了一位美麗的妻子，還一起孕育了一個孩子。

也許是兒子的出生讓約翰對生活有了全新的認識，他開始意識到自己應該回到家人的身邊，1992年他接受了父親的邀請，進入沃爾瑪董事會成為了一名董事。

沃爾頓家族之所以能有今天的成就，最大的秘訣是他們的節儉。山姆當年靠著賣幾十美分的雜貨起家，節儉的習慣一直保留了下來。他們名下沒有豪宅，一家住在班頓維爾小鎮上。山姆和海倫其他的孩子都繼承了他們節儉的品格，唯獨這個沃爾頓家的「二公子」不同。約翰並不像其他兄妹那樣住在阿肯色州，跟他們的交流也不多。據他自己說，他一年中最多會在開股東大會的時候見他們幾次，即使見面了，也不過彼此打個招呼問聲好，不會有什麼更深入的交流。

在事業有成之後，美國很多富豪家族都會開始考慮為公益事業做出他們的貢獻。沃爾頓家族經過討論，一致認為最需要捐款的是美國的基礎教育事業。所以被稱為「散財童子」的約翰進入董事會沒多久，就成立了一個只會花錢不會賺錢的部門——沃爾頓失學兒童基金會。

這個基金會主要幫助那些家庭貧困，為這些家庭的子女提供接受高等教育的機會。從1998年到2004年，在約翰的領導下，沃爾頓家族投入到教育事業中的款項有7億美元之多。

曾經叱吒風雲的英雄當然不會就此平靜謝幕，約翰的一生注定會留給人們無數話題。2005年6月27日，約翰駕駛著自己改裝過的超輕型飛機載著董事會的另一位成員飛上了天空，就再也沒能回來。飛機在空中失去了控制，在懷俄明州大蒂頓國家公園墜毀。

當時的天氣情況良好，可當局怎麼也沒能查明飛機失事的真正原因，只能猜測這架改裝過的飛機缺乏應有的安全防護措施，才導致了悲劇的發生。這一年，這位特立獨行的山姆「第二代」剛剛58歲，他傳奇的一生在他最喜愛的運動上劃上了句號。

嬉皮作風的小兒子

吉姆·沃爾頓是山姆和海倫最小的兒子，也是現任沃爾頓家族的掌門人，沃爾瑪公司的董事長。

與家裡的其他孩子一樣，吉姆也是在班頓維爾鎮上長大的，他童年的大部分時間是在山姆的零售商店裡度過，整理貨架或是幫父親打掃清潔，是他當時的主要工作內容。1965年吉姆從班頓維爾中學畢業，順利進入了阿肯色州的州立大學。到此為止，他都是一個讓山姆和海倫放心的孩子，既不像愛麗絲那麼倔強也不像約翰那麼特立獨行。

可是，就是這樣一個人，在進入大學之後卻變得判若兩人了。吉姆決定要慢慢地享受自己美好的大學時光。在學校裡，他總是留著長長的頭髮，穿一身藍色的書呆子裝，看上去總是異於常人，和大家心目中傳統的沃爾頓形象大相逕庭。他的大學整整讀了六年，直到1971年，他才從大學畢業。

畢業之後吉姆也沒有立即投入自己的家族企業，而是花了一年的時間到處漫遊，正如小時候山姆總帶著全家人去遊玩那樣。如今我們可以猜測，他或許利用這個時期瞭解到很多其他城市的零售商店現狀，為以後沃爾瑪的進一步發展做好了先期準備。吉姆還利用這個難得的休假學會了駕駛小型飛機，拿下了飛行執照。

在結束自己的瘋狂後，吉姆乖乖地回到了班頓維爾的父親身邊，進入沃爾瑪成為了一名員工。山姆的兄弟巴德開始著手培養吉姆對於房地產的熱情和經驗。

那個時代遠沒有現在開放，一個人的頭髮和鬍鬚的長度是他所在社會階層、地位的象徵。在沃爾瑪公司，留兩撇俏皮的八字鬍或兩鬢鬍鬚稍長都是很不尋常的舉動。所以在員工們眼中，留著長髮的吉姆簡直就是一個嬉皮。

嬉皮的外表無法掩蓋吉姆身上經商的天賦。吉姆同意進入公司之前，山姆和巴德有個習慣：喜歡坐著飛機到某個城市去，有所發現時就突然降低飛行高度，仔細評估當地的交通狀況和發展前景。如果飛行途中，他們相中了某一塊土地就會立刻令飛機著陸，去和這片土地的所有人談條件。

吉姆進入公司後繼承了父親的這個習慣，他常常自己開著飛機到處去尋找合適開店的地方。他把自行車放在小型飛機後部，飛機著陸後，他會騎著自行車在小城市裡轉悠。因為他的穿著看起來就像偶然來遊玩的年輕人，所以從沒有哪個商家懷疑過他是名商山姆．沃爾頓的兒子。有時吉姆也會把從巴德那學來的房地產知識用在看似無意的交談中，藉機探取其他商家的情況。很快，他的談判技巧突飛猛進，而且談判態度比他的巴德叔叔還要強硬。

山姆曾經斷言這個兒子不可能長期留在沃爾瑪，不過，他的這個斷言現在是落空了。繼羅布森之後，「嬉皮」吉姆成為了沃爾瑪的另一個總裁。在他的努力下，沃爾瑪企業的規模不斷地擴大，同時，沃爾頓家族和他本人也在不斷的創造著新的商業神話。

50多年前，《財富》雜誌開始評選世界500強企業，當時世界上還沒有沃爾瑪這個公司，也沒有人注意過沃爾頓家族的雄心壯志。可是1985年的某一天，山姆．沃爾頓像是突然冒出來一般，登上了富豪排行榜的榜首，令人不禁好奇這個人到底是何方神聖。緊隨父親的腳步，吉姆．沃爾頓於2011年以213億美元的身家位列富豪排行榜第20位，與此同時，沃爾頓家族成為了全美最富有的家族。

然而這樣一個富裕的家族在生活方面卻異常節儉，山姆一輩子從未購置過任何房產，向來都開著一輛不起眼的小汽車上下班；羅布森身為公司的董事長，外出開會時從不要求住高檔的酒店，更樂意跟普通的職員擠在一起；而吉姆在班頓維爾總部的總裁辦公室也只有區區20平方米而已。

沃爾頓家族的財富就是這樣一點一滴地累積下來的，山姆用他獨一無二的經營理念，築造了一個龐大的零售帝國。而他的繼承人則踩在父輩的肩膀，對已有的財富、地位加以維持、發展，最終才得以讓這個商界的神話傳承至今。

任性、受寵的小么女

1949年的班頓維爾小鎮上，山姆和海倫的家庭裡又多了一個小傢伙——沃爾頓家族唯一的女兒愛麗絲出生了。愛麗絲的童年時光正是家族的生意蒸蒸日上的時候，山姆的工作越來越忙，可在愛麗絲的記憶裡，父親總是能想盡各種辦法擠出時間陪著她和幾個哥哥玩耍。

在教導他們的學業時，山姆也表現得比海倫通情達理很多。如果孩子們的考試得了B，海倫總會板起臉來告訴他們自己從前都是得A，她相信他們也能做到；山姆則不以為然，對他來說，限制孩子的發展是沒有好處的，考試得A和B都很不錯。

一家六口人在一起的時光是沃爾頓家最美好的時光，每年夏天他們都要一起去旅行，四個孩子和他們的小狗擠在汽車的後排座上，車頂上捆著獨木舟，後面還拖著自製的拖車。孩子們都習慣了山姆到一個地方就要下去看看商店的習慣，父親去考察的時候他們就在街道上玩耍。有些時候他們也會跟著去。山姆因為生意的緣故，有很多旅行的機會，這時愛麗絲就會早早聲明自己也要跟著一起去。還沒上中學時，愛麗絲就跟著山姆走了很多地方，因為父親的影響，她也變成了一個走到哪都愛逛商店的小沃爾頓。

愛麗絲從小就很喜歡養馬和騎馬，上中學後，山姆開始同意帶著愛麗絲去外地看馬展。

每次這種旅行都會成為父女之間交流的最好時機，而每次山姆也會不例外地跑去逛商店，留愛麗絲一個人在馬展上玩耍。這樣危險的事情當然不能讓海倫知道，所以這就成了他們兩個人的小秘密。愛麗絲從沒因為這事，認為父親不重視她，她很能理解父親：零售業是他生活的一部分，他必須這麼做。

雖然山姆從未要求過自己的子女走他的路，但是因為他的影響，愛麗絲後來在大學裡讀了金融和經濟專業。完成學業後，她回到沃爾瑪當了一名普通的採購員。愛麗絲小時候山姆常說她的個性最像他，倔強、強硬、富有冒險精神。這樣一個充滿活力的愛麗絲當然無法忍受自己從此生活在父親的羽翼之下，六個月之後，她毅然離開了阿肯色州，到紐奧良經營自己的事業。

愛麗絲在經商方面的運氣並不好，在受到了不小的打擊後，她回到了阿肯色州的家裡，專心為阿肯色州的發展努力。1990年，愛麗絲成為了阿肯色西北商務理事會的第一任主席，她透過自己的遊說讓聯邦政府拿出了3.8億美元的資金，用以提高和改善阿肯色州的基礎設施建設。她承諾如果這些設施能為沃爾瑪的發展提供更便利的條件，沃爾瑪也會向聯邦政府上繳更多的稅金。事實上，正是因為沃爾瑪上繳的稅金已經達到了10億美元，國會才同意了這筆撥款。

1994年，愛麗絲成功促成了阿肯色州的機場建設工程，可是開工兩年後工程的資金鏈出現了問題，愛麗絲押上了自己全部的身家才得以讓工程繼續下去。歷時五年，機場終於建成，管理委員會為了紀念她做出的貢獻，把航站大廈命名為愛麗絲．沃爾頓。但是因為這些發展阿肯色州的計畫，讓愛麗絲自己的公司無法確定經營目標而倒閉，不過她從來沒有後悔過。

回憶起自己的成長路程，父母的寵愛和哥哥們的溺愛，讓愛麗絲的個性變得任性而自大。她的駕駛技術不佳卻偏偏酷愛開快車，在屢次被員警警告後依然不改酒後駕車的毛病。終於在一次酒後撞死了一位老婦人。儘管愛麗絲付了大筆的錢讓自己免於刑事責任，但她和沃爾瑪家族在當地人心中的形象卻一落千丈，甚至曾經引發過人們對沃爾瑪商店的抵制運動。

隨著年齡的增長，愛麗絲也意識到了自己當年的荒唐。或許是為了贖罪，當她意識到自己無法在商業領域裡取得更大的成功之後，她放棄了對家族生意的經營，開始全心投入到公益事業之中。

山姆對於愛麗絲的影響遠遠不只在經商這一個方面，在培養孩子們的愛心方面他也有自己的辦法。在孩子們小的時候，山姆總是在耶誕節時到兒童福利辦公室去要那些無法得到聖誕禮物的孩子的名單。在商店打烊之後，他會帶著四個孩子去為那些不幸的孤兒挑選禮物。山姆希望那些生活在育幼院中的兒童能藉由他們的禮物感受到家庭的溫暖，也希望他的孩子們感受到來自陌生人的溫馨和感激。

2002年，愛麗絲以沃爾瑪家族的名義為阿肯色大學捐贈了3億美金，用來設立大學生榮譽學院和資助研究生的研究項目。這筆款項的數額是當時美國公立大學收到過的一次性捐款的最高金額。在之後的幾年中，愛麗絲在基礎教育事業中捐獻了大筆款項。

在接受採訪的時候她說，沃爾頓家族對教育的支持是源自她的父親，老山姆一直對關於美國基礎教育的爭論十分感興趣。為了幫助那些家庭條件不好的孩子，愛麗絲還創立了「兒童學業基金」，專門為那些生活在貧困家庭的孩子發放獎學金，以資助他們接受高等教育。

如今的愛麗絲因為擁有父親留給她的財產和沃爾瑪的股份，已經成為了世界上最富有的女性。經歷過不平凡的起起落落的她買下了一家馬場，過著鄉間平凡而又安靜的生活。同時她也表示，會一直為了班頓維爾鎮，為了阿肯色州的發展努力下去。

第2篇 崛起時代

（1946年28歲～1969年51歲）

美國作家福利森說：「想要成為億萬富翁，最大的秘訣就是鍛鍊自己的厚臉皮，山姆．沃爾頓就是一個厚臉皮的人。他經常不按常理做促銷活動，擾亂整體市場價格，也逮著各種機會向供應商殺價。」在如此艱難的創業環境中，山姆展現了他獨特的商業理念。

對山姆來說，企業經營沒有可以遵循的自然規律，也沒有可供借鑑的成功秘訣。商業競爭就像是一場來勢迅猛的戰爭，無時無刻不在世界蔓延。想要成為勝利者，就必須具備自己的先決條件。

山姆以「農村包圍城市」的備戰策略，穩定了自己的商業根基；用「廉價銷售」的低價策略，獲得了「人（消費者）」心向背；最後，山姆還用共同的利益「俘虜」了供應商，使之成為山姆零售帝國的堅實後盾。山姆成為這場戰爭中最具個性，而又最平凡的大贏家。

如此傳奇的崛起之路藐視了傳統勵志的每一個環節，他潛在的創新和內心的勇敢特質，為後期的發展開拓了更加寬廣的大道。

第五章 鄉農包圍城市：只賺0.2美元

橫空出世的折扣小店

山姆一家人在紐波特一待就是五年，32歲的山姆·沃爾頓已經從當年那個毛頭小子成為了一個經驗豐富的商人。班·富蘭克林商店也一躍成為了紐波特著名的雜貨商店，年營業額高達25萬美元。

可是就在這個時候，當年簽訂合約的「無知」讓山姆不得不選擇將店面轉讓出去。雖然無奈，但是樂觀的山姆覺得這也是個機會——創業的機會，他決定要自己開一家商店，比班·富蘭克林商店更好。每個立業的人都會選擇以自己的事業為突破口，山姆離開紐波特以後，遷居到了班頓維爾，一個人口不足三千的農村小鎮，也就是說，早在1951年，山姆就選擇了公司的小城鎮發展戰略。

班頓維爾這個地方，在阿肯色州的西北角，是很偏僻邊遠的農村地區。初到這裡，習慣了紐波特城市生活的海倫覺得這兒真是糟透了的窮鄉下，好一陣難受。不過，不怎麼優越的生活條件絲毫不影響山姆在此開設新店。

開店不是件容易事，從店面裝修、商品採買、員工雇用，物品銷售等等都是必不可少，也是至關重要的。商店的什麼元素最能吸引顧客呢？山姆可是動了一番腦筋，最終他決定把新店的開設和經營分為以下幾步。

首先，山姆這次要開比以前規模要大的商店，因此一定要找個好地方。山姆．沃爾頓看上了這個小鎮一家名叫哈里遜的雜貨店，連同隔壁的一家理髮店。他把他們一起頂了下來，然後將兩家店打通進行裝修，那麼整體店面看起來就有400平方米左右。雖然與後期任何一家沃爾瑪超市相比起來這裡還不及一塊生活用品的銷售區域大，但這對當時的班頓維爾來說，已經是絕無僅有的最大的商店了。

然後，山姆開始了新店面的裝修和貨品的採買。考慮到原來老店銷售的商品不過是一些老式雜貨，山姆決定讓新店有新的樣貌。於是，山姆把老式貨架全部更新，換上了新式的陳列貨架和櫃檯，選擇的貨品也更新潮了。除此之外，山姆摒棄了銷售員似的雜貨鋪型銷售模式，而是採用自助服務的經營方式，這是周圍8個州內的第一家自助商店，也算是現在的沃爾瑪超市早期的一個雛形。

在這樣一家商店裡，房間四周的大桶裡裝滿了貨物，供顧客挑選。而店員只需要在顧客詢問或者收銀時為顧客服務就好了。此時的商店老闆山姆就像一個放好誘餌等魚兒上鉤的漁夫一樣。

接下來，商店有了一個有趣的名字——「沃爾頓5分~1角商店」，店名的潛臺詞是在告訴人們：「在這兒，花一點小錢就能隨時買到需要的東西。」

萬事俱備只欠東風，現在留給沃爾頓的就是問題中的重中之重了：如何吸引顧客。山姆．沃爾頓為此創造了人生中第一個「沃爾瑪」廣告，堪為「點睛之筆」：

「沃爾頓5分~1角商店重新裝修開業，保證所有商品物美價廉，兒童可免費獲贈氣球，別針一打只要9分錢，玻璃杯一只9角……」

——《班頓縣民主黨人報》

別看這則廣告短小，但卻簡約而不簡單，價格的低廉像磁鐵一樣非常迅速地抓住了顧客的視線，對於兒童還有特別的禮物。面對這樣的優惠，消費者何樂而不為呢？當地居民都會訂閱《班頓縣民主黨人報》，自然不會遺漏掉這麼具有誘惑力的商店廣告。家庭主婦們結伴出動，在貨架旁、在貨桶中興奮地挑選物品。

毫無疑問，廣告刊登沒多久，山姆．沃爾頓實現了東山再起的計畫，而「沃爾頓5分~1角商店」的成功完全有別於紐波特的創業實踐，他是山姆．沃爾頓真正作為商人的一次成長和飛躍。後來，這則促銷廣告被陳列在沃爾瑪參觀中心，沃爾頓家族事業上有了一個新的開始。

那時候山姆一家人為了在這裡生存下去，更為了將新的店鋪經營下去，經常想出各種奇怪的辦法。比如，山姆想把促銷辦成一個超大型的派對會，讓所有的顧客都來參加購物狂歡。

自從山姆的小店開張以來，班頓維爾廣場的週六就變得與往常不同了，原本靜謐的小鎮一到週六就變得熱鬧非凡。

這天一大早，山姆率領妻子孩子們將貨物搬到廣場中心，那裡是聖誕老人和花車遊行的地方，總會有大批的群眾經過。山姆打著最大折扣的旗號招攬遊客，吸引路人購買他的商品。不僅如此，山姆還讓女兒愛麗絲把店裡的爆米花機帶了過去，在人行道上打得「嗤嗤」作響，每個人聞著爆米花的香味都想買來嘗嘗。愛麗絲被這種愉快的氛圍包圍著，忙得團團轉，但她依然樂此不疲。

愛麗絲感嘆自己的成長環境時說：「生長在這樣的環境下簡直太棒了！」難怪有人稱讚山姆可以去當發明家了，他的確具備這種創新發明的潛質。

比如山姆在進貨管道上就漸漸摸索出了一條門道：山姆白天要在店裡照看生意，張羅買賣，但是等到打烊後除了從常規的批發商進貨外，山姆經常開著拖車去密西西比河東岸的田納西州的市集淘寶。這些便宜貨一進店就立刻成為了暢銷產品。後來山姆乾脆就繞開了批發商，聯繫上了幾家工廠，商店直接從工廠倉庫拿貨，降低了交易成本，也穩定了貨源，商品自然就賣得便宜，大家便爭相購買。

後來，山姆在班頓維爾開店的時候還開發了一款金屬貨架，這在美國可是第一家完全採用金屬貨架的雜貨店。1954 年，山姆．沃爾頓又在多方籌資下開設了一家佔地一萬平方米的購物中心——真是前無古人的一筆投入。不過回報自然少不了，營業額高達 30 萬美元，利潤也是 3 萬多美元，是山姆的所有商店裡利潤最高的一家。

山姆看到了購物中心的成功，眼前就像繪製出了一張沃爾頓家族百貨業的藍圖，他馬上預感到購物中心這股浪潮很快將席捲美國，並且成為未來零售業的主流。接下來他要做的，就是把他的新創意進行推廣，毫無疑問，山姆在百貨業的路上越走越遠了。

搶進拉斯金高地

1950 年，沉睡的班頓維爾小鎮剛剛透出一些炎熱的氣息，山姆帶著一家六口終於在這裡安頓下來了。小店生意也已經做了起來，並且處於良好的發展勢頭。現在，山姆正在考慮如何將店鋪進一步擴大。

在小鎮廣場的周邊，只分佈著零星的幾間小商店，每家小店都有自己特殊的經營品項，店與店之間沒有任何衝突。由於經營範圍和品項的狹小，如果人們在這裡沒能買到自己想要的商品，他們便會開車去羅傑斯和斯普林代爾城購買。但當山姆的店開起來後，一切就不一樣了。山姆把他在紐波特的一套行銷方式搬過來，改變了小鎮上傳統的經營模式，同時也使小鎮的氣氛變得活躍起來。

事實上，在20世紀50、60年代，美國的一切都在發生變化。那些曾經居住在農場的孩子們陸陸續續從朝鮮戰場和越南戰場返回家鄉，暫時居於城市的周邊以方便謀求各種工作。朝九晚五的工作模式幾乎是從他們那個年代傳下來的。

早上，他們從郊區的住家趕往市區，晚上再從市區趕回郊區的住家。漸漸地，城郊的公路系統完善起來，大城市的商業中心和人口開始廣泛地向郊區移動，而傳統的經商方式也開始轉變。市中心的百貨商店不得不追隨顧客的腳步，由市中心轉往郊區，那些大型百貨商場在郊區開滿了分店，並且大打折扣，一些傳統的郊區雜貨店受到嚴重的衝擊。

山姆早就預料到了這一變化，他時常奔走於堪薩斯和田納西兩地之間，不僅僅是因為批購貨物和交換金錢，更重要的是為了打聽一些有價值的商業資訊。

在這期間，山姆的弟弟巴德已經成家，組建了自己的家庭，巴德也在謀劃著創業。他向銀行借了一筆小額的款項，在密蘇里州的凡爾賽鎮經營一家雜貨店。

不管機會來與不來，提前準備好總是沒錯的。在很長一段時間裡，山姆打聽到一個似真似假的消息：一個新的大型居民區即將在堪薩斯城誕生，名字叫做「拉斯金高地」。按照當時人們的猜測，為了提供豐富多彩的生活購物的場所，這個新的社區將修建一個大約有10萬平方英尺的購物中心。當時的美國居民對購物中心的概念極為模糊，那些小本經營的雜貨店老闆都抱持著觀望的態度。但山姆經過很長時間的考察，認為這是一個不可多得的機會。他打電話到堪薩斯城，確定了購物中心的建立。

事不宜遲，山姆立即在腦中把值得信賴的合作夥伴全想了一遍，他第一個想到的是自己的弟弟巴德。

「巴德，我是山姆，」山姆在電話中對巴德說，「到堪薩斯城的新區『拉斯金高地』去，有要緊的事情商量，立刻！」

「是這樣，兄弟，我現在店裡很忙……喂……喂！」巴德沒想到山姆那麼急著就掛了電話。不過這位山姆兄弟做事情總是很衝動，且不說他的決定是對還是錯，但是在達成目標之前總是讓人擔心。

當巴德的身影總算出現在山姆眼前時，山姆微笑著用全身力氣擁抱自己的弟弟。這位擁有戰鬥機飛行經驗的弟弟，總帶給人沉穩踏實的感覺，山姆相信自己的眼光，與巴德並肩作戰，爭奪拉斯金高地的生意絕對會獲得成功。

山姆把巴德帶進拉斯金高地的一家小咖啡館，各自要了一杯咖啡後，山姆開始詳細說明自己的想法和計畫。咖啡館像是剛剛裝修完畢，光線有些昏暗，人也不多，但這並不影響他們的談話。窗外射進來的陽光若隱若現，與山姆臉上愉悅的笑容映襯著，一同點亮了山姆心中的希望和夢想。巴德靜靜地聽著，在他眼裡，同樣面對著一幅完美的畫面。

「巴德，要知道，這是一場賭博。因為我們現在並不清楚落成的購物中心會是什麼樣子。這片土地我們從來都沒有涉足過，它將來會發展成什麼樣子我們也不知道。但是，我相信，我們一定能讓它在這裡開花結果。這是個賭博，你願意加入嗎？」

「為什麼不試試呢？」

巴德看著自己的哥哥山姆口若懸河，心裡極為讚賞，毫不猶豫地給出了肯定的答覆。

商議妥了之後，兄弟倆開始分別行動。他們回去之後開始為爭奪拉斯金高地籌措資金，根據商議的結果，他們各自為「爭奪戰」投入一半的錢，以此來作為新商店的啟動金。

其實，當時雜貨店經營行業才剛剛處於萌芽狀態，行業內店主的競爭意識並不強烈。很多連鎖商店只是控制自己所在區域的銷售，並沒有擴大銷售區域的意識。所以，幾乎沒有任何懸念，山姆和巴德兩兄弟很快就取得了拉斯金高地的經營權。

店鋪很快就開起來了，儘管只是一間很不起眼的行銷店，但它足以在這座新興城市的夾縫中生存下去。雖然這裡已經有一家大型的商品購物中心，但是人們更喜歡山姆的雜貨店，因為它有很強的價格優勢。此外，附近雖然還有很多小店經營，但是他們的名氣和信譽遠遠不及山姆的商店。

一年下來，他們的營業額便高達25萬美元，淨賺3萬美元。到了第二年年中的時候，他們的銷售額就已經達到35萬美元了，同期增長近兩倍。小店的紅火發展極大地鼓舞了兩兄弟的信心，因為他們打破了常人不敢想像的行業規則，並且這樣的嘗試獲得了巨大的成功。

拉斯金高地風雲成為了山姆未來事業發展的前奏。在勝利奪得拉斯金高地後，雄心勃勃的山姆開始醞釀下一步計畫，他要拓展更大的事業。

在接下來的一段時間裡，山姆經營的小店也擴展得越來越多，慣用的方式就是把一家店賺來的錢全都用來投入新店的開張。並且在經營過程中，也讓小店的經理人員以合夥人的形式來參與投資。

這種投資又不同於往常意義上講的越多越好，而是越精簡越好。山姆對所有經理人的投資都有一定的限定，比方說：山姆投入5萬美元的金額，那麼經理人則可以投入1000美元，如此一來經理就擁有2％的股份。

山姆從不允許經理人員有超過2％的股份投入。對於這一點，當時的一位經理人員加里·賴因博斯有自己的解釋：

「山姆從不允許我們在每家商店購買超過1000美元的股份。我想其中的600美元是作為一筆貸款，另外400美元是4股私人擁有的每股100美元的股票。山姆向我們做出保證，保證他每年將向我們支付利息，我記得在當時，利率應該是4.5%。」

從某種意義上來說，山姆的這種經營頭腦是非常精明的，一方面可以吸納到資金，一方面又能夠有效的控制這個店鋪，實現利益的雙贏，何樂而不為。

山姆的「新航空」時代

與弟弟巴德一起投資的店鋪經營得順風順水，山姆此時有了下一步打算。他想在經營的效率和策略上獲得突破，希望透過便捷的交通工具來快速瞭解市場行情和商業資訊。不過這需要一些創造力和更多的發明借鑑，山姆早已明白這一點。

曾經發明過飛機的萊特兄弟說：「只有鸚鵡才喋喋不休，但牠永遠也飛不高……創造，是人類精神的最高表現，是歡樂和幸福的源泉。」當人們具備了無限的創造力之後，他們獨一無二的生命力才會顯現出來。

但是，萊特兄弟在研製飛機時，似乎沒有想到將來有一天人們會把飛機當成一種交通工具，就如同汽車、火車一樣應用到人們生活當中。也沒預料到會有人把歡樂和幸福的源泉演變成自身的一種特質。

有人問：有什麼交通工具能夠比飛機更快更方便呢？

山姆沉默不語、低頭一笑，然後微微地說：「當然沒有。」

既然沒有任何交通工具能夠比飛機更加快捷，那麼為什麼不買一架飛機呢？從山姆決定買自己第一架飛機起，這個想法始終沒有改變過。

「嘀鈴鈴……」1963年的一天，沉思中的巴德被一通突如其來的電話打斷，「跟我在堪薩斯碰個面吧，我準備買架飛機，咱們見面詳談。」

來電話的不是別人，正是比巴頓大三歲的哥哥——山姆．沃爾頓。

巴頓非常吃驚，並且試圖阻止衝動的哥哥，因為哥哥是被全家公認的「世界上最糟糕的駕駛」，就連父親也不願意讓山姆開車載他。如果山姆去開飛機，他會在頭一年把自己毀了。為了保證哥哥的人身安全，巴頓竭力阻止哥哥行動，勸說他不要買飛機。

然而巴德的話十分無力，沒有對山姆發揮任何作用。掛電話之前，巴德聽到的最後一句話是：「兄弟，不管你去不去那裡和我碰面，我都準備買下那架飛機。」巴德對哥哥這句話十分惱火，賭氣的他沒有去赴哥哥約會。

幾天之後，巴德又接到山姆的電話，山姆告訴弟弟，說他沒有買下之前說的那架飛機，但他花了1850美元在奧克拉荷馬城買了一架空中雙座飛機，並且極力要求巴頓去看看這架坐騎。

當巴頓看到哥哥買的這架雙座飛機時，簡直無法置信。

「那一刻太難忘了，我走出班頓維爾機場，看到他稱之為飛機的那樣東西。它有一臺洗衣機式的發動機，啟動時發出噗噗聲，然後停了一下，接著又噗噗作響。它看起來甚至不像一架飛機，我至少有兩年沒有靠近它。」

顯然，這樣一架飛機在當過多年飛行員的巴德心目中，只是一個不入眼的老舊玩具，儘管山姆極為不贊同。

為了證明自已的決定是對的，山姆多次說服巴德一同乘坐這架飛機。「我們去城裡吧，我們去城裡看看吧。」巴德有些無可奈何地答應了哥哥的請求，和哥哥一起撐著操縱桿盤旋在樹林和山地的上空。巴德曾參加過第二次世界大戰，他有足夠的飛行經驗，自從退役之後，這還是他第一次飛行，並且也是人生中最長的一次飛行。

巴德一邊專心地活動著操縱桿，一邊思索著自己這些年來的遭遇，同時還不忘回應著山姆興奮的說辭。是的，山姆總是有決心做任何事情，他一旦決定買飛機，就毫不猶豫地買了一架，也許他已經制定好了小店的發展路線，他要把他的小店開遍整個城市。而這架飛機就是幫助他聯絡的紐帶，儘管他的飛行技術實在太不入流，但是「新航空」時代總算來了。

山姆這樣描述自己開飛機的舉動：「一旦我使用了飛機，我的開店熱情就被引燃了。我們開設了一連串雜貨店，主要設在阿肯色州的小石城、斯普林代爾和賽洛姆斯普林斯。此外，我們在堪薩斯州的尼歐德沙和科菲維爾也開了幾家分店。」

這些話飽含欣慰和自豪。因為，在山姆遭遇過「房租合約事件」後，他記取了很大的教訓，這是在他失敗後獲得的重大成功。這裡面山姆的那架雙座飛機功不可沒，它每小時能飛行100英里，如果不遇上逆風的話，山姆還可以直線飛到自己想去的地方。山姆就這樣一家店一家店地視察，看看哪家店缺貨，去哪裡再開一家新的店鋪，他還會去其他城市低價淘一些寶貝放到自己的店裡，然後轉賣出去。

在之後的幾年中，山姆架著這架「坐騎」總共飛行了數以千計的小時。儘管他一直是弟弟巴德眼中「最糟糕的飛行員」，但他幾乎沒有出過什麼大事，很順利地開著他的「空中私車」。

有一次飛行中飛機遇到了引擎事故，這讓山姆覺得驚險無比。那時，他從史密斯堡機場起飛，途經一條河時，山姆聞見了刺鼻的氣味。排氣管漏了！幾秒鐘之後，排氣管如同一個巨雷「轟」的一聲爆炸了，這個聲音就像在為山姆宣示著世界末日的來臨。

飛機的發動機還在轉動，但是山姆必須儘快將它關掉。機艙裡發出了濃濃的黑煙，山姆急出了一身冷汗，掌握操控桿的雙手因為哆嗦變得不聽使喚起來。絕望像潮水一樣侵擾著山姆的心臟，他想起了自己的妻子海倫，還有他們那幾個可愛的孩子，山姆還沒有陪伴他們長大成人。自己的店鋪雖然經營得不錯，但是總歸沒有達到自己想要的那種規模。如果因為飛機的緣故而去了天堂，未免也太遺憾了。

平靜下來後，山姆努力地掌控著操控桿。上帝還是眷顧他的。飛機盤旋地降落到附近的平地。山姆從機艙裡爬出來，看著那臺熄火的引擎，心裡的大石頭終於沉了下來。

從那之後，山姆在駕駛飛機之前，都會仔細檢查一番，排查問題和故障，而飛機這一交通工具也成為了山姆開拓事業的一大幫手。當人們的思想還停留在擁有一輛好車時，山姆已然領先他們一大步了。

第一家沃爾瑪商店的誕生

「你現在手裡有10萬美元嗎？」

「10萬美元，那不是一筆小數目啊。」

「那你有嗎？」

「沒有。」

「情況是這樣的，我們公司必須是一車一車地進貨，並且必須付現金。」

「可是……」

「你請回吧，因為你沒有跟我做生意的誠心。」

這是發生在20世紀50年代末的一段對話，意思很明顯——有錢才能做成生意。

此時的美國正在利用第三次科技革命成果，大力開展新興產業，拓寬商品經濟市場，很多連鎖市場和商店如雨後春筍般屹立於美國各大城鎮。山姆希望借助與這些新興企業的合作來推廣自己的小店。因此，他不辭勞苦，飛往德克薩斯州的休士頓，希望能夠面見當時的大連鎖業店主赫伯·吉布森。但是吉布森並不買帳，他讓山姆在辦公室外等了5個小時後才讓他進屋。但結果，就如上述的那樣，吉布森直接否定了山姆的想法，他不認為一個連本錢都不夠的人能做成大生意。

也許是因為山姆內在的神經特質，也許是因為人們常說的「越挫越勇」，山姆在遭遇了無數次拒絕後，依然激情無限地籌劃著自己的店鋪，希望把自己的「麵包」做大。

那時，他的店鋪才剛剛經營起來，希望得到大型零售商的投資，同時能夠學得更多的經營管理經驗。然而在很長一段時間裡，山姆被「本錢」這種東西困擾著，他迫切需要找到拯救自己事業的有效方法。恰巧這時，他受到了一位理髮師的啟發。

這位理髮師住在貝利韋爾小鎮上，名叫赫布。赫布也開設了一家商店，而他的經營哲學很簡單，那就是「低價買進，大批購進，廉價出售」。

在當地，赫布的商品比其他任何店都賣得便宜，也賣得最多。在1959年的時候，赫布成功擴大了自己的店鋪，並且在班頓維爾小鎮的廣場開了一家商店，成為了山姆的競爭對手。那麼吉布森是如何累積資本，並且能夠短時間內擴展自己的行銷業務呢？

擁有多年班·富蘭克林商店經營經驗的山姆陷入了深思：也許是時候賭一把了。他掏出自己那個已經泛黃的小筆記本，上面記錄了他這些年來的銷售計畫和冒險計畫。最終，他為自己勾畫出兩個選擇：

1. 繼續留在現有的雜貨店行業，維持現狀的經營，但在未來一定會受到廉價銷售商店的打擊；

2. 自己開設一家大型的連鎖商店，推行廉價銷售的策略，自己投入資金，從小本生意做起，但是風險大，獲得的收益也較慢。

山姆並不是坐以待斃的人，既然二者都有風險，為何不奮力一搏呢？況且，吉布森就是擺在眼前的成功案例，借助他的銷售模式，一定能在競爭環境中分得一杯羹。

有了這種想法後，山姆開始研究起了具體實施的方法。沿著班頓維爾鎮的公路一直往南，就是有名的羅傑斯鎮。山姆背靠著公路旁邊的一棵大樹，望向了公路的盡頭。是的，公路到達的地方就是他店鋪將要延伸的地方。

幾天之後，山姆的計畫定了下來，妻子海倫協同他一起簽署了所有的住房和財產抵押合約。海倫負責做一份漂亮的財務報表，以此來獲得最高的貸款額。新的合約中，山姆一家占95％的股份，還有2％是弟弟巴德投入進來，另外的3％被一位名叫唐·惠特克的經理所擁有。這位經理是山姆從德克薩斯州挖過來的，他為人踏實坦誠，是山姆值得信任的好幫手。

這次賭注有巴德和唐的加盟，又多了幾分勝算。

1962年，山姆駕駛著他的飛機飛行在波士頓山脈的上空。飛機要飛往史密斯堡，一同前往的還有他的朋友鮑勃·柏格爾。山姆從口袋中掏出一張小卡片，隨意地在上面寫了幾個名字後，就把卡片遞給了鮑勃。

「你覺得哪個名字好？」

「山姆，你知道的，我是蘇格蘭人，我自然希望能夠保留沃爾頓這個名字，讓它成為購物中心的名字也很不錯。」鮑勃一邊說著，一邊掏出筆在卡片的底端寫了幾個字母後，又將卡片遞給山姆，接著說：「你看，W-A-L-M-A-R-T，只有七個字母，你是不是應該感謝我呢？」

究竟好在哪裡呢？山姆有些不解地看著鮑勃。

「你還不知道吧？這個名字只有七個字母，這意味著我們沒必要買很多霓虹燈，不需要花很多電費，也不需要花很多錢去維修。你說對吧？」鮑勃說出自己的想法後，微微一笑。

山姆並不認為這是玩笑，因為他的這位朋友的確有這方面的經驗。鮑勃曾經在班·富蘭克林商店時購置過商店的霓虹燈招牌字母，他對這些霓虹燈的製作和維修再清楚不過。

幾天之後，山姆的購物中心開始裝修佈置了。鮑勃正好經過這裡，就順便來看看山姆的購物中心的裝修情況。

鮑勃怎麼也沒想到自己的一句玩笑話，成就了今後的世界零售巨頭。他親眼看見負責裝修的小夥子把梯子架在「M」上，而另外三個字母「W-A-L」已經整齊的掛在了上面。鮑勃這次的笑意更深了，不過最令他意想不到的事情還在後面，那就是他成為了沃爾瑪購物中心的第一位經理。

值得一提的是，山姆在鮑勃提議的基礎上加了兩句話：「低價銷售」和「保證滿意」。它們被懸掛在購物中心的兩側，並成為了沃爾瑪以後的行銷哲學，直到幾十年後的今天也依然存在。

7月2日，山姆迎來了他一生中歷史性的時刻，第一家沃爾瑪零售商店終於在羅傑斯城開業了，但是並不是所有人都為此而高興。因為命運之神又給山姆開了一個玩笑，使得山姆像捅過馬蜂窩的孩子一樣，有些垂頭喪氣。

「馬蜂窩」的來頭很大，是一群來自芝加哥的官員，他們穿戴整齊，表情極為嚴肅，遠遠看著就像一支儀仗隊，踏著統一的步伐緩緩地走向了沃爾瑪商店的門口。

「沃爾頓，山姆．沃爾頓先生在哪裡？」

山姆臉上的笑容有些僵硬，他把帶頭的兩位「官員」引進辦公室，並詢問道：

「我就是山姆．沃爾頓，請問你們有事嗎？」

「只有一點，你記住：不准有第二家沃爾瑪商店出現！」其中一位「官員」瞪著眼睛回答著，「沒什麼好說的，這是命令！」

半個小時後，山姆終於請走了這一群「官員」。他們實際上是班．富蘭克林連鎖商店所屬的巴特勒兄弟公司的股東，沃爾瑪廉價商店開起來了，必然會影響班．富蘭克林商店的銷售額，股東們的利潤自然會受到影響，這是那群官員出動的原因。不過山姆可不是那種能讓人隨意擺佈的人，這群「官員」的威脅不過是對沃爾瑪商店開張的一個玩笑。

一年之後，沃爾瑪零售商店的銷售額達到100萬美元，是普通零售店營業額的十倍。在這之後的兩年時間裡，山姆依舊繼續保持著他們較高的營業額和純利潤。拿山姆自己的話來說就是「打開羅傑斯城的局面後，我們安分守己、埋頭苦幹了兩年。」

接下來作何打算呢？無論是警告還是威脅，山姆從未把那些「官員」的話放在眼裡。羅傑斯城附近的斯普林代爾和哈里森吸引了山姆的目光，那裡的顧客們可能會更熱情。

沒有存貨等於關門大吉

有這樣一項人所共知的法則：人一旦出名，對社會有所貢獻，必定會招來同行業的排擠和非議。正如「人怕出名豬怕肥」，山姆在很長一段時間裡，也遭受著這種情況的困擾。

沃爾瑪零售商店開起來後，有關商店和創始人山姆．沃爾頓的評論隨之流傳起來。當然，非議佔據大多數，其中「最糟糕的店鋪」的評論甚囂塵上。

沒有調查就沒有發言權。一位叫做大衛·格拉斯的人實地考察過沃爾瑪零售商店的店鋪，他所看到的足以讓他瞠目結舌。

「這是一家很蹩腳的雜貨鋪」，當大衛走到商店門口時，這個念頭閃現在他的頭腦中。當時運西瓜的卡車正在卸貨，一位穿著很邋遢的中年男人，指揮著銷售人員卸貨，那些卸貨人員情緒很高，兩卡車的西瓜很快就被他們堆在人行道上。停車場上，還有一頭毛驢在那裡轉悠。大衛看著人行道上堆滿的西瓜，再看看天氣，氣溫已經達到攝氏30度，炎熱而乾燥的空氣使得西瓜快要炸開了。那頭驢似乎也熱得躁動起來，在停車場裡到處跑，場面十分混亂。

大衛看著混亂的場面，好奇心驅使他走進這家店，他完全沒有意識到那個中年男人就是沃爾瑪零售店的老闆。

店面大約有1萬2千平方英尺，天花板只有8英尺高，光禿禿的木製貨架立在水泥地板上。地面到處都是腳印，像被發狂的馬蹄踏過一樣；貨架上的貨物擺放得東倒西歪、雜亂不堪，像經歷過一場搶劫。情況太糟糕了，大衛被自己眼前的一切嚇傻了，他無法想像顧客是怎麼從一堆雜貨中挑出自己想要買的商品。

對於大衛看到的這些情況，山姆心裡當然清楚，他完全知道自己店鋪多麼糟糕。但是這並不影響他的經營思路，因為店鋪是否富麗堂皇並不在山姆的行銷核心內。

事實上，擺在他們眼前的就有一家可以作為參照物的大型購物中心。這家商店位於哈里森市中心，地理位置優越，地板是由花磚精心鋪製而成，牆上掛著雅致的照明燈，貨物分類整齊地陳列在貨架上，給人一種整潔而明亮的感覺。但是這家商店並沒有招徠太多的顧客，獲得的利潤並不高。

山姆熟知這一情況後，他盡可能地挖掘沃爾瑪零售商店的競爭優勢，把商品的價格降到最低，再透過大量的宣傳吸引顧客。山姆十分肯定地說：「我們相信，人們願意驅車半個小時來我們的雜貨棚，因為同樣的商品，我們的店鋪比其他商店便宜了20％。」

廉價銷售成為山姆的銷售方式之一，廉價意味著有更多的顧客來購買商品。正如山姆所說，在一個有6千人的小鎮上，只要人們發現有比其他商店賣得更便宜的店鋪，他們一定會驅車前往。那麼如何能滿足顧客的消費欲望，應對消費者的需求，又成為了山姆需要面對的新問題。

試想：如果有顧客驅車半個小時來到沃爾瑪店鋪，發現店裡沒有他想要買的商品，或者店裡的商品已經被搶購一空，那麼他下次還會來嗎？答案是否定的。即使商店下次準備得再充分，消費者也不會冒險再驅車前往。

正如有人說：「信任就像一張嶄新的白紙，一旦把它弄褶皺了，就再也回不到它最原始的狀態。」對山姆來說，顧客來沃爾瑪零售商店購物也是一種信任，不管因何原因，只要他們沒能買到稱心如意的東西，必然會感到失望，進而喪失對沃爾瑪零售商店的信任。

所以山姆的結論是：「沒有存貨等於關門大吉。」

山姆獲得的很多機會都是因為「被需要」而產生的，他因此被迫學習並且親身實踐很多事物。在這座偏僻的小鎮裡，沒有任何財務支持，沒有更多的資金投入，他只能依靠廉價依靠顧客的信任來獲取更多發展機遇。

當山姆在斯普林代爾開設第三家沃爾瑪零售商店時，山姆有了新的點子。他想把防凍劑的價格降到最低，來吸引顧客的青睞。為了留出足夠的庫存，不讓顧客空手而歸，山姆運來了三卡車的普萊斯通防凍劑，並且將防凍劑的價格定為每加侖1美元。

此外，山姆還將克里斯特牙膏的價格定為每支27美分，以這樣的價格出售，商店幾乎賺不了什麼錢。山姆的行為遭到這家店的經理克拉倫斯·萊絲的反對，克拉倫斯對山姆說：「這樣不行，這完全像是在打劫。我們不僅賺不了錢，還會使得商店亂成一團！事實上，你進來的那幾車防凍劑和牙膏實在是太多，誰會來買？」

「放輕鬆，朋友！作為一個稱職的老闆，我必須要告訴你，讓他們來『打劫』就是我們的目的。我們的宗旨就是廉價銷售，讓所有人知道我們賣得最便宜。這不僅是對我們商店的宣傳，更是一種讓顧客信任我們的方式。相信我，只要有存貨，就能賣得出去。」

山姆的話聽起來有些模稜兩可，但是親身經歷這件事的克拉倫斯很快明白了宣傳和信任的道理。

克拉倫斯回憶說：「許多人都千里迢迢趕來我們這裡，為的就是買那些價錢低得出奇的防凍劑和牙膏。山姆這下忙壞了，為了能讓顧客儘快結帳出去，他甚至拿工具箱作為臨時的現金出納機。為了安全起見，消防部門不得不限制顧客人數，每次把門打開讓顧客進去之後就把門關上，5分鐘之後讓先進去購物的顧客出來，再放另一部分顧客進去，那購物的場面簡直瘋狂至極。」

雖然主打的商品是防凍劑和牙膏，但是遠道而來的顧客絕不會只買這兩種商品的。他們相信沃爾瑪零售店裡宣傳的這兩種東西是最便宜的，其他商品也相對便宜，為了滿足生活需要，他們依然會挑選其他的商品，逐漸將自己的購物車填滿。

擁有足夠的存貨，才能滿足顧客無限的購買欲望。掌握了這樣的經營哲學，山姆的店才能持續地經營下去。在無數的廉價商店開設的浪濤下，淘汰了一批又一批折扣店，但是沃爾瑪零售商店卻開得越來越多。很多連鎖商店的大亨不得不指著沃爾瑪的標誌說：「他們或許有我們值得學習的地方。」

最賺錢的「女褲理論」

當初山姆一家人在小鎮開店的很大一部分原因在於妻子海倫偏好小鎮。海倫認為，小鎮的生活氛圍更適合撫養孩子，而且她不喜歡住在大城市裡。鑑於海倫的想法，山姆除了尊重她的選擇之外，還因為他們的資金不足，只能選在小鎮起家。

事實也是如此。20世紀50、60年代的美國，美國鄉村地區還沒有大型的購物場所，有的只是一些零星的雜貨店。小鎮的商業主要是傳統模式下的家庭雜活經營，規模很小，賺得利潤也很少。

沃爾瑪商店就是在山姆長期探討和磨合中成長起來的。十多年的開店經驗，山姆並沒有得出完美的理論性總結，但是他卻有一些值得借鑑的經驗。簡單說來，他的經驗就是「薄利多銷」。

例如：當時的春明牌手套，很多商店賣10.8美元，但是沃爾瑪零售店只賣5.97美元，便宜了將近一半的價格；月光牌熨斗，很多商店能賣到17.95美元，但是在沃爾瑪廉價商店只賣11.88美元，足足便宜了34％。山姆在沃爾瑪零售商店廣告中，許諾顧客所有的上衣、外套和裙裝都會比其他家便宜一半，並且保證所有的商品品質都是一流的。為了提高廣告的可信度，山姆在廣告中還標注了生產商的擔保書。這些廣告有效地觸動了顧客的購買欲望，也為沃爾瑪零售商店帶來了極高的銷售額。

在所有沃爾瑪零售商店的案例中，最經典的就是山姆的「女褲理論」。不少人對這個理論置之一笑，或許只有山姆這樣的「鄉巴佬」才會起這樣的名字。但是沒有人會料想到，這條土裡土氣的理論卻成了沃爾瑪零售商店賺錢的關鍵。

在經濟學的定義中，所有的企業都是以營利為目的，所有的商人都在為自己謀利。山姆是一個商人，無論是他開店的計畫，還是他打出折扣的廣告，都是為了獲得更多的利益。

「女褲理論」就是山姆行銷思想中的精髓案例。當時女褲的進價為0.9美元，市場上的售價1.2美元，如果商店能夠賣出一條女褲，那麼商家可以賺取的利潤為0.3美元。但是山姆將女褲的價格降到了1美元，這樣他只能賺到0.1美元，比其他商店少賺了0.2美元，但是他卻能多賣出三條女褲，也就是說沃爾瑪零售店能夠賺到0.4美元，比其他商店多賺一倍。看似簡單的行銷理論，卻隱藏著如此大的經營哲學。

時間追溯到20世紀50年代，當時山姆一家人還住在阿肯色州的紐波特，山姆在那個小店裡賣出了很多女褲，但是那時候店鋪的規模並沒有成型。在山姆看來，女褲的成功銷售或許只是一種運氣和賭博，畢竟那只是一個小鎮，沒有任何商業理念，競爭關係也很薄弱。人們只是想當然地認為哪家便宜就去購買哪家的商品。後來這家店鋪沒能成功續租，山姆只好轉戰到別的城鎮，去碰碰運氣，去尋求適合他們發展的商機。此時，山姆的「女褲銷售」被湮滅在萌芽中。

但是十多年後，山姆成功創辦新的沃爾瑪零售商店，「女褲銷售」又重新活躍起來。那麼，山姆如何能夠確信「女褲理論」就能成功呢？

這要從山姆的「統計學」說起。

40年前，山姆還只是個孩子，那時候他常常和父親一起坐在離家不遠的停車場上。也不知道是老沃爾頓工作的原因，還是為了消磨時間，他們就在那裡數車的數量，每一時段的停車數量都會被山姆記在小筆記本上。這便是山姆眼中的早期市場調查模式。

有了小時候統計車輛的經歷，山姆自然也有統計顧客量和購買程度的意識。就像前面講到的那樣，山姆是一位具有獨創性的「偷學者」。他經常跑到其他商店裡去觀察學習，把他親眼看到的都逐一記錄下來，再帶回家裡研究。

「女褲理論」就是在很多次調查研究的基礎上得出來的。山姆選取女褲售價為1.2美元的商店作為研究標準，把同一時段購買的數量當作基數；同時把沃爾瑪零售商店的女褲定為1.1美元、1美元，來統計賣出去的數量。經過長時間的考察和研究，山姆發現當價錢降到極低的時候賣出去的數量最多，獲得的利潤也最多。這便是「女褲理論」的由來，也成為了山姆廉價銷售的基礎。

如果有人問：誰贊成「沒有調查就沒有發言權」這句話？山姆肯定舉雙手贊成。因為山姆一切行銷策略都是經過長時間的理論研究和調查實踐得出的。事實證明，他獲得了成功。就如山姆自己所說：「當我們這樣做時，同行業的人幾乎都不看好。他們認為價錢賣得那麼低怎麼能賺錢呢？他們也從來沒有研究過我們為什麼會低價銷售，他們也幾乎不知道我們如何透過削價來獲得更多顧客的青睞的。」

從山姆創立沃爾瑪零售商店的十五年裡，所有連鎖店的銷售額一直高速增長，並且成為全美國最大的獨立雜貨店。

山姆慶幸自己因為「女褲理論」獲得的成功，同時也為自己定下了全國奔波的計畫。他要學習更多聯合百貨商店的經營理念，要為自己闖出一條更廣的路。這就是山姆的人生。

第六章 像傻瓜一樣工作：廉價銷售法

最低成本的「價格戰」

在很多人的心目中，成功的英雄總要經歷很多災難。所以當人們聽到一個有關成功的故事時，如果裡面的英雄人物沒有遭遇過一連串的挫折和打擊，那麼這個故事既不圓滿，也沒有任何可信度。追憶山姆的奮鬥過程，他從小店起家，與價格之間的戰爭，成為他一生最具「英雄氣概」的故事。

早在紐波特，山姆想趁著開店的甜頭好好大幹一場，但是由於山姆的疏忽，沒有留心看見合約上用小字條印刷的「不能續租」條例，導致他經營生涯的第一次失敗。

失去在紐波特的續租權後，山姆嘗到了粗心大意的苦果，雖然他已經賺了一些錢，但是對過而立之年的他來說，要從頭再來並非易事。整件事情對山姆造成了一場不小的打擊。不過，這也成為山姆人生的一次重要轉折。

在那之後的很多年裡，山姆用心經營他的事業，並一直強調商品的價格必須比其他任何商店都賣得便宜。基於這種想法，他全心全意地投入「價格戰」中，他像傻瓜一樣工作，讓商品的進價和所有管理成本都降到最低。

在沃爾瑪零售商店的經營初期，山姆的管理毫無章法，如果需要得出一個原則，那就是最低成本。他完全依照個人感覺來控制價格，哪怕只能省下一美分他也做得不亦樂乎。也正是因為山姆的節省，他成了遠近聞名的「摳門」。

曾經有人向山姆抱怨店鋪的條件太差，店內的佈置也十分混亂。對於這些抱怨和疑問，山姆好心解釋說：「其實，這個店鋪確實不算是專業的購物商店，而且它確實不好看。事實上，我們也想過要蓋幾棟百貨大樓，並把大樓設計成富麗堂皇的樣子，讓人們去宮殿式陳列的貨架挑選物品。如果是這樣的話，誰來為我們負擔昂貴的建築費用呢？難道讓顧客來負擔嗎？」

既然不能讓顧客承擔，山姆絕對不會支付高昂的房租，甚至拒絕支付超過 1 美元／平方英尺的店鋪房租。作為一個商人，山姆深諳「羊毛出在羊身上」的道理，無論「老闆」和「顧客」誰是這隻「羊」，都是「雙輸」的局面。因此，他極力把成本壓縮到最小，把額外的利益轉讓給顧客。為了實現這種想法，山姆嘗試了很多種方法，最有名的就是他在莫里爾頓的那家店鋪。

20世紀60年代末期，山姆終於回到了讓他曾經一蹶不振的地方——阿肯色州。重返阿肯色州後，山姆在莫里爾頓小鎮開了第八家沃爾瑪零售店，這家零售店與其他店鋪不同，但是出發點卻是一樣的：最大限度的壓縮成本。

這家零售店的店鋪原本是可口可樂公司的瓶裝廠廠房，由於當時生產的需要，廠房被分成了五個房間。工廠搬遷後，這個廢棄的廠址幾乎沒有任何再利用的價值。但是山姆卻不這麼認為，他覺得完全可以把它利用起來。對這個開車20分鐘就能繞兩圈的小鎮來說，成立一家像工廠一樣的店鋪不失為一種好主意。

經過一番仔細研究和商談之後，山姆以極低的價錢將這個廠房租下來，並且從已經倒閉的吉布森商店買下一些廢舊的貨架。裝修店鋪時，做得也非常簡單。山姆與員工們一起用結實的繩子把這些舊貨架吊在天花板下，並用鐵絲把貨架牢固在牆壁上。經過這些簡單的處理後，他們把即將出售的貨物放在貨架上。幾乎沒有任何設計藝術和美感，為了節省空間，他們甚至把服裝一層一層的一直掛到了天花板上。

節約成本，成為山姆經營的一項基本原則；廉價銷售，則是山姆推行「價格戰」的載體。

在沃爾瑪零售商店裡，所有的商品進店後，都會先把商品堆在地上，然後再找出商品的進貨發票，並根據發票上的定價來規定該商品的出售價格。儘管山姆的生活很邋遢，甚至很

「摳門」，但是在出售商品的價格上，他從來不會模稜兩可。

例如：某商品在市面上的價格是1.98美元，但是該商品的進價只有0.5美元，按照廉價銷售的一般原則，店員們以為山姆可能會把價錢降到1.25美元，這樣足足比市場便宜了0.73美元，必定能招來很多顧客。但是讓這些店員們意外的是，山姆將商品的價格定為0.65美元，他們甚至聽到山姆說：「不管我們為商品付出了多少，如果我們已經獲得了利益，為什麼不把剩下那部分利益讓給顧客呢？這件商品我們實際只支付了0.5美元，只增加進價的30％出售就已經足夠了。」

這樣的經營方式在開店之初並不算順暢，儘管已經達到與顧客建立良好關係的預期，但是相比同行業的其他商店，沃爾瑪零售店的營業額和利潤額幾乎落在了店鋪排行榜的最末尾。拿當時首屈一指的S．S．克雷斯吉公司（簡稱凱馬特商店）來說，該公司擁有250家分店，總銷售額為8億多。而山姆的沃爾瑪零售商店則一共有19家，總銷售額為900萬美元。沃爾瑪零售商店這樣的成績在當時的環境下是毫不起眼的，幾乎沒有人把它放在眼裡。

從「價格戰」的意義上來說，山姆似乎沒有博得好彩頭。但是誰會料到10年、20年後的事呢？那些被淘汰的競爭者可能從未想過自己會輸在「價格戰」中，輸在山姆的「小計策」上。

剪刀下的完美廣告條

每年都會有成百甚至上千的商店開業；每年也會有成百甚至上千的商店關門大吉。開業不代表成功，開始不代表會發展。沃爾瑪商店也是如此。如何使商店發展下去，是山姆考慮的頭等大事。

在沒有任何成功者的先例下，很多人都會懼怕這樣的挑戰，但是山姆從不懼怕。他就像天生為零售事業而生一樣，腦子裡總會冒出各種新奇的想法。

沃爾瑪零售商店的核心銷售理念——廉價銷售，是山姆新奇想法的顯著展現。然而當這個理念第一次被提出時，遭到了所有人的質疑，包括他的弟弟巴德·沃爾頓。

巴德對山姆說：「這樣做實在是太標新立異了，我不得不為此擔心。」

「如果想要在零售業中生存發展下來，就必須順應歷史潮流，甚至超越它，站在風口浪尖上，而廉價銷售就是零售業的潮流。我們要讓每件商品都可以低價出售，並努力超越其他各家商店。」

山姆的話沒能說服弟弟巴德，但是他卻用自己的實際行動證明了一切。

沃爾瑪商店早期的廣告條，是一件可以展示山姆完美銷售策略與能力的事例。

這些廣告條不需要山姆煞費苦心的列印與宣傳，絞盡腦汁地計價與盤算，這些廣告條，形形色色，均來自於各家進行促銷商品活動的商店裡。

到底是怎麼回事呢？

原來山姆與沃爾瑪商店的銷售經理菲爾，每週總會去報亭買幾份報紙，這些報紙都有一個共同特點，就是包含著各家商店的相關促銷活動資訊。

在獲得這些資訊後，山姆與菲爾會逐一去各家商店，找出實際物品，查看商品的品質如何。經過細細掂量後，山姆與菲爾就胸有成竹地回到自己的商店。將報紙上的廣告條用剪刀剪下來，再將自己的報價與宣傳語黏在其他商店促銷價格的後面。這便是山姆最重要的促銷手段，好像在對顧客說：「來看吧，這件產品促銷啦，它的信譽是最好的！」

山姆覺得，每家公司為自己產品做的廣告是最完美，沃爾瑪零售商店只需要剪下這些廣告，並且在旁邊標上「特價」之後，就成為沃爾瑪零售商店的完美廣告。這些薄利多銷的現實版廣告條，在剪刀的一次次喀嚓聲中，成為沃爾瑪早期商店的標杆。

沃爾瑪的早期經理，也是上述完美廣告條的參與者菲爾．格林，在後來的回憶中還不無驕傲地說：「然後我們不得不擔心是否能得到足夠的備貨。」

在山姆的廉價銷售理念下，早期沃爾瑪商店競爭力還是不錯的。這種剪刀下的完美廣告條，是山姆的促銷智慧。他知道消費者的心理，更知道如何做好競爭。巴德為此表示，「山姆又一次向我證明了他敢於逆流而上的奮鬥精神。」

然而這些還遠遠不夠，當時沃爾瑪商店還是一個名不經傳的小店，也許吸引了一些顧客，但是與某些零售店相比，它可謂不值一提。當然，山姆的野心也不僅僅止於一次理念上的改革，他需要擴充自己的領土與疆域，必要時刻，必須與競爭者劍拔弩張。

有一次，全美洗滌劑的展銷會在阿肯色州的溫泉城拉開序幕。這次活動的幕後人是沃爾瑪公司的山姆，執行者與策劃者是菲爾。後來山姆在回憶此事時總還不免發出一聲長長的虛嘆，像是回憶一場驚險電影一樣：「菲爾進貨的數量太瘋狂了，然而我欣賞他這種驚世駭俗的行為，這種瘋狂舉動值得讚賞。」

人們在後來提起這次展銷會的時候，都稱讚說洗滌劑數量多得令人難以相信。它堆成一座洗滌劑箱子的金字塔，一直堆到天花板，佔據了整個通道，以致你仰得脖子都疼了，也不一定能看見這座「金字塔」的頂端。

這種瘋狂展銷行為的結果是可喜可賀的，它既讓人們看到了商品的繁多，也擴大了沃爾瑪零售商店的宣傳。這次的促銷活動讓沃爾瑪第52家分店成功扎根在阿肯色州的溫泉城，並構成了對凱馬特商店的最大威脅。

面對凱馬特商店這個強勁的對手，山姆的雙手有些痠軟。經歷過這次瘋狂行為後，沃爾瑪零售商店會一直成功下去嗎？上帝會依然眷顧這位喜歡突破現有體制的人嗎？山姆所選擇的各種促銷商品會一直飽受顧客歡迎嗎？還是他們即將在強大對手的扳動下灰飛煙滅？

商品的迷思——「月亮餅」之絆

沃爾瑪公司正在慢慢成長，各家分店的經理們對山姆更是服服帖帖。因為事實確實擺在眼前，只要是山姆選擇的促銷商品，成功就是必然。每月只能銷售幾套的單調床組，山姆弄張桌子，再弄幾個他自己製作的標籤，銷售量就直線上升。員工和經理們無不崇拜山姆，認為他就是促銷神話。

有一次，山姆在沃爾瑪公司的休息室，阿拉丁公司推銷員展現著如同春風般的微笑來到這位「促銷神話」面前：「您好，也許我們可以為貴公司添一筆新的促銷商品。」

山姆揚了揚眉毛：「那你們有什麼值得促銷的商品嗎？」

這位促銷員拿出一只漂亮的紅藍色半加侖暖瓶，「也許我們可以聊一聊進價問題了。」

山姆摸著這個品質、外表均屬上乘的暖瓶，抬頭微笑地看著促銷員。後來，不出人意料，沃爾瑪公司在各個分店，促銷這種進貨價遠遠低於其他零售店的暖瓶，買了幾大卡車，經理們紛紛對山姆投去崇拜不已的日光：「也許，山姆就是促銷神話的代名詞。」

被成功的光環所圍繞的山姆，他自己也似乎飄飄然起來。他在一次次的成功中，享受著屬於自己的榮耀，感受著自己決斷力的偉大。他不無驕傲地說：「有一度我確實認為自己是挑選促銷商品方面的天才，因為我挑選的這些商品都非常暢銷。」

在這種光環下，山姆依舊保持著他那如同獵狗般的敏銳判斷力，並以此取得了豐碩的成功。

可是天才也不免要跌倒，如同大海也會有乾枯的那天。什麼樣的日子都有可能來到。也許，我們會栽在一些看起來微不足道的事情上。

密西西比河依舊如同往日般，流淌著安靜、清澈的溪水，橫亙在了南方的田納西州。這兒有一種小吃，像月亮，圓圓的，味道甘甜膩人。南方人總是愛吃甜食，所以這種小吃賣得不錯。月亮餅公司的部門主管們，只是將它們放在商店裡大家大概可以注意到的地方。然而人們依舊會熱情地購買。看見此情景的山姆覺得難以置信這種銷售方式。與此同時，山姆表示他從來沒有在沃爾瑪商店裡面，賣過這種圓圓的、甜甜的可愛月亮餅。於是，他內心的算盤開始快速打響。

山姆回到公司，說出了他的構想，經理們相信山姆，二話沒說，派出各家分店採購員，跟隨山姆來到田納西州的月亮餅公司。價錢從23美分降到20美分，山姆依舊展現著他超乎常人的談判功力。月亮餅公司對沃爾瑪商店也是略有耳聞，他們看著這位裝束不佳、眼神卻炯爍的人，山姆知道他會繼續他的神話。

月亮餅被迅速送到沃爾瑪位於南方的各家分店。一週內賣掉了50萬個月亮餡餅，營業額高達10萬美元。

然而「福兮禍所伏」。沃爾瑪北方各家分店經理，紛紛向山姆請示，希望將「可愛」的月亮餡餅送過去。例如靠近蘇必利爾湖的威斯康辛州。可是，從沒有聽說過月亮餅的威斯康辛人們並沒有對沃爾瑪商店的這種「可愛」的果汁小吃青睞。這種曾經為山姆帶來驕傲的月亮餅，成為了沃爾瑪商店促銷歷史上的一次引為經典的失敗案例。

然而，失敗不可怕，從中獲得的經驗教訓，他們的價值遠遠高於所失去的東西。山姆在後來回憶此次失敗時說：「不夠深思熟慮的方案，一旦成功就會忽略很多錯誤，這些都是我們需要小心謹慎，不可再犯的。」

於是，山姆在沃爾瑪各家分店開展了一項名為VPI的競賽活動。就是每個季度舉辦各家分店的促銷活動大比拚。山姆想要充分激起大家的促銷熱情。而不僅僅依靠他一個人。當然，山姆還是有點自信過頭，他相信自己依舊會成為贏家。大家也都表示想要贏山姆是不容易的。可是「智者千慮必有一失，愚者千慮必有一得」。

沃爾瑪公司的一位經理大衛．格拉斯就在蘋果混合汁的比賽中，漂亮地贏了山姆的小水桶促銷活動。這時的山姆會有些小失落。他會悄悄將小水桶從商品促銷位置收起來。然而，正是這種新的體制讓沃爾瑪從月亮餅之絆中，獲得了新的力量。

「精神不正常」的最佳促銷員

沃爾瑪零售商店的體制是靈活的，它是無數擁有促銷能力與促銷夢想人的天堂。在這裡，你可以做出也許「匪夷所思」，也許讓人覺得「精神不正常」的事情。山姆都會是你最強有力的後盾，因為他是沃爾瑪公司裡，促銷時最「神經不正常」的促銷員。對比他，大家都覺得自己是小巫見大巫。

前面提到的那位沃爾瑪分店的經理菲爾，在成功完成第52家分店開張儀式的促銷活動——洗滌劑促銷展會後，名聲大振。

其後的一次割草機促銷活動更是讓他成為沃爾瑪公司裡面被信任的經理之一。由於沃爾瑪零售商店的不斷擴張，其廉價銷售的理念也在美國各大州被知曉。美國中西部俄亥俄州的一家默萊公司便是慕名而來。菲爾接見了此次拜訪之人：「不知本季度有何需要出清的產品？」

拜訪之人嚴肅認真地拿出公司相關文件，一邊拿給菲爾看，一邊告訴他：

「本季度我們公司有200臺默萊牌8馬力收割機。不知貴公司可否與本公司合作，出售其中一部分產品。我們都知道沃爾瑪公司以廉價促銷為理念，所以在價格上，我們公司將會做出最大退讓，179 美元每臺，不知……」

菲爾翻了翻默萊公司的文件，又抬頭看了看這位緊張無比的拜訪者，站起身來，向他伸出雙手。拜訪者不知這是何意，拒絕還是同意？正待要發問。就聽見菲爾說出：「那我們就要貴公司所有的割草機。」

拜訪者的手停在了半空中，這是他始料未及的。然而只是停頓了幾秒鐘，他的手便緊緊握住了菲爾的手：「我果真沒有看錯沃爾瑪的經理們，有如此大的魄力。」

菲爾不覺有點好笑，因為這不是魄力不魄力的問題，而是最基本的小學算術問題。你價格低，我們就可以售價低。數量上有些魄力，並不會增添多大風險。

於是就如同菲爾所想，8 馬力默萊割草機，以每臺 199 美元的價格在短短一週時間內全部售罄。山姆看著菲爾的又一次精彩促銷，不覺說了一句：「也許我不用駕駛割草機為顧客示範了。」

這時的菲爾飄飄然地告訴山姆：「我猜想我天生就適合做一個促銷者。」

山姆聽著這似曾相識的話，撇撇嘴：「也許是，喜歡逆流直上，還喜歡挑戰艱巨任務，就為了顯示你有多大能耐。」

菲爾於是哈哈大笑，心想：瞧瞧這山姆總是不服輸，尤其在促銷這件事情上。誰都不能讓他臣服，然而就是因為沃爾瑪有他，我們才得以施展促銷才能，這是我們夢想的地方，是我們最佳的職位。

當然這些話，菲爾打死也不會當面告訴山姆的，因為沃爾瑪裡所有的促銷員都是不願意服輸的，他們都想著，自己才是最佳促銷員。

眾所周知，任何盈利性質的公司，獲得最大利潤均是其至高無上的追求，如同聖旨懸在所有人頭上，必須唯它是從。沃爾瑪公司也不例外。山姆同樣想獲得最大利潤，他想著沃爾瑪公司可以讓銷售額到達10億美元，甚至100億美元。那麼這將會成為沃爾瑪歷史上值得紀念的日子。

有的人賺錢，是為了生存；山姆賺錢，就如其所說，那是一種興趣。

他並不十分在乎錢數量的多少。他在乎的是促銷成功後的驕傲感。如果這些促銷產品是最為普通的日常用品，山姆的「虛榮感」便會得到最大滿足。

他喜歡看沃爾瑪商店的櫃檯展銷處排著長長的，擁擠的群眾。偶爾他也會擠進去，聽聽顧客在說些什麼；他也喜歡看沃爾瑪商店櫃檯處排著長長的隊伍，而且每人手中都拿著他選擇的促銷產品。看著這些畫面，山姆就如同漁夫釣到了生平最大的魚。就算被大魚拖到海裡，他也不會鬆開自己的雙手。

山姆選擇的促銷商品，大都不會是尖端科技，也不會是稀有珍品。相反，他選擇的基本上都是最為人們熟悉的日常用品。他經常和公司下層的銷售人員談話，從他們那裡得知不同的情況。一次巧合的機會，沃爾瑪公司的一位底層銷售人員告訴山姆，也許可以多儲備些床墊。

床墊？

山姆在自己的腦子中將這兩個字放大到了無數倍，他感到激動無比，因為這是一次新的挑戰。沃爾瑪商店從來沒有賣過床墊。就是因為第一次，山姆開始忙碌起來，聯繫生產廠家，壓低價格，然後降低利潤。於是一次關於床墊的展銷會大張旗鼓地展開了。後來，當山姆被問到他覺得什麼時候是最值得紀念時，他還會津津樂道：「我可是出售了550萬張，別人看起來不值一提的東西——床墊。」

親力親為的傻瓜工作者

2010年4月，蘋果公司發表了一款號稱「奇妙與革命性」的產品——iPad。令人驚奇的是，蘋果公司僅僅用了28天時間就賣出了100萬臺iPad。稱奇之餘，人們都在詢問蘋果公司成功的秘訣。

多方探查之後，人們發現蘋果成功的秘密武器就是：經常花別的公司不願花的時間向消費者灌輸資訊，並集中精力在幾年內向他們展示一些關鍵功能。從iPad出現的第一天就開始，蘋果公司就不遺餘力地向消費者介紹和灌輸關於iPad的一切。

在商場上，研究企業家和著名產業的案例幾乎成為一種慣例。正如列夫．托爾斯泰所說：「幸福的家庭都是相似的，不幸的家庭各有各的不幸。」如果把這句話用在成功和失敗上，那便可說成是：成功者的歷程都是一樣的，失敗者各有各的弱點。

山姆完全屬於成功者那一類，他經歷了白手起家，經歷了失敗，又經歷了東山再起，直到把自己的事業發展壯大，甚至在他背後還有一位支持他的賢慧妻子。他所走的真是人們常說的「英雄路線」和成功案例。

成功者固然有類似的，但是山姆走的是特立獨行而又平平凡凡的路子，他制定的「價格戰」、「廉價銷售」和「促銷手段」都是特立獨行的行銷策略。另一方面，山姆的平凡源於成功沒有捷徑，他一直是從簡單的累積做起，每走一步都為他後面的行動奠定了基礎。在這方面，不得不提的就是山姆有一件秘密武器——小筆記本。

在零售商店的經營中，若非商店本身很出色，否則一旦有競爭對手打出折扣戰的旗號，他們就只好另尋出路，考慮打出其他商品的降價旗號。山姆的小筆記本裡清楚地記下了這些商店的降價和折扣規律，透過對這些規律的總結來得出最適合沃爾瑪零售商店發展的路子。

山姆認為，顧客不可能千里迢迢來到沃爾瑪零售店就是為了省下那幾美分，他們無非是想要獲得更多的利益，既然如此，那麼沃爾瑪零售店就滿足他們。但是具體滿足他們多少利益才能讓自己不虧損，山姆當然能算出這個「邊際成本」。「邊際成本」的資料就來源於他的筆記本。

這個筆記本造就了「女褲理論」，記錄了各家店鋪的商品價格，也標注了各大商店的打折資訊。也許有人會好奇，如此巨大的工程只有山姆一人完成嗎？

答案是肯定的。

通常很多人會在周邊一些商店的小角落裡發現一個邋遢身影，這個邋遢的人不是別人，正是山姆。作為一名資深的實幹家，山姆親身做市場調查和市場研究，就是為了獲取第一手資料，來作為行銷方案的原始資料。

隨著時間的發展和科技產品的運用，山姆的「秘密武器」也升級了。

1967年，隨著沃爾瑪零售店開店的勢頭，第16家分店已經在阿肯色州的一個小鎮開起來。洛厄爾是那家分店的經理，他招募到的員工中有一位名叫赫利埃塔．戴維斯，是該店紡織品部的經理。這位經理是典型的事業型女強人，為人忠誠、踏實肯幹，是洛厄爾手下最優秀的員工。

一天，山姆直接走進洛厄爾的辦公室，看門見山地說道：「赫利埃塔在嗎？快叫人去把她請來。」

洛厄爾有些緊張，他不知道這位老闆要叫赫利埃塔來幹什麼，如果是因為什麼錯誤的話，他很想替這位能幹的下屬緩頰幾句。擔憂之餘，他還是按大老闆山姆的指示，派人去叫赫利埃塔過來。

幾分鐘後，赫利埃塔很得體地推門走進辦公室，向山姆問候道：「您好，我是赫利埃塔。」

「赫利埃塔啊，太好了，快說說你最近有什麼新想法或者好主意。噢，不！等等……」山姆興奮無比，掏出隨身攜帶的筆記本後，又有些忙亂地從公事包裡拿出一個錄音機。等他按了錄音機的啟動按鈕後，示意赫利埃塔說：「可以開始了，說吧。」

赫利埃塔不愧是值得信賴的好員工，她提出沃爾瑪零售店不能一直墨守成規，而是需要實行一種新的業務，或者實行新的上貨制度。但是不管是什麼新的制度，在推行之前都要進行細緻的評估，如果檢驗的結果不錯的話，就把這種新制度推廣到其他連鎖店。

這一連串看似沒有任何實際作用的言論不僅被記錄在山姆的小筆記本上，而且完完全全錄進了錄音機裡。這樣，即使山姆漏記了什麼重點類容，他也能透過收聽錄音來彌補。這個錄音機便是山姆另一項秘密武器，用它來聽取一切有價值的經驗和意見。

也許在今天很多人會覺得山姆的做法真的非常傻氣，但是這些「笨辦法」的確給他很大的恩惠。在改進沃爾瑪零售商店的管理中，這些「笨辦法」為山姆提供了極大的幫助，並且及時提醒他提升零售店經營的能力。

典型的例子是當年他看到沃爾瑪零售店和凱馬特公司競爭得熱火朝天時，班．富蘭克林商店卻把雜貨店改造成了工藝品商店，提供顧客各種購物以外的服務和學習課程。為此，山姆偽裝成一名「間諜」跑去班．富蘭克林商店去探查，他的武器依然是小筆記本和錄音機，隨後他把採集到的原始資訊帶回辦公室，並召集所有管理人員參與討論沃爾瑪零售商店的改革方案。

山姆用十分肯定的語氣對這些下屬說：「並不是我們想把店鋪開到任何一個角落，也不在乎一個州到底能開多少家沃爾瑪零售店鋪，畢竟總有一些是我們不能達到的地方。但是，正如每個人都一樣，為了生存，我們必須求新、求變。」

此後，紡織品部率先開始了變革，每家沃爾瑪零售店都掀起了一股縫紉課潮流。他們為顧客提供高品質的材料，教顧客們實地操作，還包括一些女士服裝的顏色搭配，獲得了很大的經濟效益。

第七章 鏖戰供應商

沒有最低，只有更低

山姆在生意場上接觸最多的有兩類人，一是顧客，二是供應商。商店主與供應商的談判，場場都是硬仗，因為自己想從供應商處進到便宜的貨，但是供應商想從商店賺取盡可能多的佣金，這是商場上休戚相關又有所衝突的利益關係。

為了利益最大化，社會上出現了一個新的群體——折價商，也漸漸發展出了百貨零售業裡的「折價行業」。

在該行業的早期，中間商、批發商或分銷商掌握的貨物會有一部分被多數折價商訂購，因為在百貨業，掌握著可靠貨源就意味著掌握了一切。批發商從折價商那裡收取15％的佣金，賺得自己的收入，也不用過多考慮與過多的銷售商一家一家的洽談，省事又方便。折價商雖然付給了批發商一定的佣金，但是即使再折價20％，這樣的價格在眾多零售業百貨店面前，還是令人心動的價格。

回溯山姆早期開始開闢折價行業這條路的時候，經常伴隨著來自中間商、供應商、製造商的矛盾和衝突。

首先，小鎮裡的其他零售商會不高興。雖然山姆的商店是以服務顧客為自己經營的出發點，但是如果壓低銷售價格，很多百貨商店就會出於對自身利益的保護而向供應商施加壓力。他們不希望山姆這樣的折價商獲得貨物，甚至採用「公平交易法」阻撓折價貨品進入當地市場。因為「低價位、高人氣」就會使其他百貨商店處於不利的競爭地位，就是赤裸裸的威脅。

與此同時，供應商也會因為價格太低而不高興，雖然這樣出貨量很大，但是也會時常抱怨折價銷售讓他們的利潤變得沒有以前那麼高。還有那些以賺取佣金為收入的銷售代理商也對山姆這種折價商頗為反感。

在生意場上，山姆奉行絕不手軟、絕不妥協的原則，在貨品品質與價格之間尋求最優的結果。起先，山姆會從中間商、代理商那裡進貨，付給他們一定比例的佣金，不過山姆漸漸發現這樣的進貨管道其實很難提高整個採購的效率，還會多一道工序造成採購延遲。

於是山姆自己開始摸著石頭過河，開著拖車唱著歌，來到田納西州尋找短褲、襯衫等服裝貨源，從此開始了自己獨立進貨的管道，也不甘心給巴特勒兄弟公司多交一筆錢了。用山姆自己的話說：「其中的道理很簡單，我們是顧客的代理商，因此我們必須盡可能成為最有效率的供應商。」

不過這個目標實施起來，並沒有那麼簡單。有些可以透過自己從製造商處進貨達到，但是有些時候直接購買是行不通的。山姆遇到進貨困難的情況時，就會用銷售代理去與製造商打交道，這樣比自己的操作更有效率。

山姆自己親歷了美國商業「出新」、「出奇」的過程，也體會過了在這樣的過程中競爭對於企業是多麼殘酷，他感慨道：「如果美國商業要繁榮，要富有競爭力，我們就必須適應下列觀念——商業環境正在變化，倖存者必須適應這種變化中的環境。商業是一種競爭性活動，只有顧客滿意，工作的安全性才有保障。誰也沒有義務為別人的生存負責。」

沒有義務為別人的生存負責，但是生活得更好就是自己的權利。山姆奉行「小城鎮戰略」，商店分佈往往距離中心城市比較遠，店鋪規模又不足以引起分銷商或批發商的重視，沒有批發商願意驅車幾十公里專程為他們送貨。

於是山姆在「沒有最低只有更低」的進貨原則下，不得不讓很多沃爾瑪零售店的分店都開始獨立跑貨源、談進貨，建立自己的分銷系統，逐漸形成了在價格上壓倒所有人的局勢。沃爾瑪商店「親力親為」的行為就這樣讓自己異軍突起，既擁有非常優質的商品，又擁有低廉的價格，自己因為進貨成本低，兼得了口碑與顧客，是只賺不賠的好買賣。

山姆在從事百貨業以來，一直把「顧客第一」定為經營的宗旨，他非常希望能夠用最低廉的價格服務於沃爾瑪零售商店的顧客。山姆的得力助手克勞德．哈里斯把山姆在這方面的想法貫徹給全公司的採購員，要求所有採購員都要盡可能地壓低進貨的成本價，不是站在沃爾瑪零售商店的角度與批發商談判，而是把自己想像成顧客或者為你的顧客談判。

「強硬和令人憎惡有所不同。但每個採購員都必須強硬，因為這是工作。顧客應當獲得你所能得到的最好價格。不要為供應商感到抱歉。他清楚自己的貨應當賣什麼價，而我們希望得到他的最低價。」

這是沃爾瑪零售商店在採購上採取的一貫做法，對供應商開門見山：「不需要回扣，我們不做這一套；不需要送貨，我們會親自來倉庫裝貨、運輸；不需要廣告，我們會自行解決。除去這些成本，來算算你們最低的價格是多少吧？」

供應商這時候還是會提出一個比較高的價位，採購員就會比較迂迴地做出回應：「嗯，這個價格我會記錄下來，並考慮考慮，對比一下別家的價位，看看你們這個是不是最划算的。當然，如果他們出價更低，那麼只能遺憾這次無法與你們合作了。」

一般的批發商都會考慮是否可以再給沃爾瑪零售店做一些讓步，以談成這筆生意。不過如果批發商堅持不肯讓步，沃爾瑪零售店的採購員雖然會坦率真誠地再做溝通，但是基本態度也是絕不在不合適的價格上妥協，因為他們不想讓顧客因為自己在採購上的失算而浪費錢財。

克勞德．哈里斯回憶起討價還價時的幾次交鋒還是意猶未盡、記憶猶新：

「我曾經威脅普羅克特—甘布林公司將不再買他們的產品，而他們說，『沒有我們的產品你肯定不行。』而我說，『看著吧，我會把你們的產品放在旁邊櫃檯上，而把價格便宜一點的科爾蓋特公司的產品放在顯眼的位置，你就等著瞧吧。』他們很惱火，就去找山姆，山姆給出的答案是，『不管克勞德是怎麼說的，事實的確如此。』現在，我們仍與普羅克特—甘布林公司保持著良好的關係。這已成了一個眾所周知的事例。他們學會了尊重我們。他們知道不能像對待其他人那樣恐嚇我們，當我們說要代表顧客的利益時，我們是十分嚴肅的。」

其實，那個時候的沃爾瑪零售商店是十分需要普羅克特—甘布林公司的產品的，公司知名、產品暢銷，是百貨界都會爭取銷售的目標。反過來，普羅克特—甘布林公司卻沒那麼需要沃爾瑪零售店這樣一家看起來還不夠知名的商店來銷售自己的產品，即使沒有這家零售店，他們的生意也還是一如既往地好。

正所謂「不打不相識」——到1987年，隨著合作越來越多，供應商與零售商也漸漸找到了共識，那就是同為顧客服務的公司可以建立非常友好的合作夥伴關係。

在這之後，雙方這種根本的敵對關係轉變成了合作共贏。當時的山姆預計這將會成為一種潮流，帶動全部百貨零售商與供應商的合作。而如今普羅克特—甘布林公司已經是沃爾瑪公司最大的主顧，這自然證明了山姆所謂「潮流」的成功。

同住一條大船的上下游關係

在店鋪行銷過程中，參與商品流通的幾個關鍵要素——製造商、供應商、經銷商和顧客，誰是其中的贏家？

山姆的回答是：我們都是贏家。

沃爾瑪零售商店不僅注重產品的品質和價格，還注重整個行銷連鎖效應中帶動的關係。山姆在一次採訪中坦言：「由於我們的規模變得越來越龐大，我們不得不和供應商一起坐下來好好商量成本和利潤，共同計畫所有的事情，才能取得共同的進步。但是供應商必須面對製造商的成本提價，我們又必須對顧客負責。對供應商來說，他們希望製造商以最低的成本價提供商品；對顧客來說，他們希望我們提供品質又好又便宜的商品。所以，只要我們能提高相互之間的關係，那麼我們都是贏家。」

山姆把這種連帶關係比作「同住一條大船」，意思是說，沃爾瑪零售店與供應商、製造商、顧客處於一種共生共榮的利益關係中。這種關係要求沃爾瑪零售店必須與供應商一起建立更加統一的供貨和行銷戰線，並且提高供應商品的透明度，提高過程效率，降低整體成本。這種「同住一條大船」的經營理念後來成為沃爾瑪公司的企業文化理念之一。這個企業文化的概念源於一次非同尋常的遊河。

在一次乘獨木舟遊河的途中，山姆有幸與甘布林公司的副總經理盧．普利切特會面，這位副總經理在企業管理方面有很高的認識和遠見。在會面過程中，他們談到零售商與供應商的關係問題，雙方一致地把最終焦點放在顧客身上。

普利切特非常誠懇地說：「顧客才是商品的最終用戶。如果供應商和零售商各行其是，雙方資訊得不到溝通和交流，也沒有共同的計畫和系統的協調，那麼包括顧客在內的三方都會承受額外的負擔。」

「說得沒錯。現在的情況是，所有的零售商和供應商對這種額外的成本視而不見。雖然也有交流，但那畢竟是透過從門縫裡偷偷塞紙條進行的，畢竟他們都想為自己保留一些商業機密。如果雙方繼續各行其是的話，必然會有人為此付出更高的代價。」山姆十分贊同普利切特的觀點。

這次交流後，山姆和普利切特各召集了雙方十位高層管理人員到班頓維爾，他們一同制定了詳細的溝通計畫，希望可以和供應商建立一種長期的合作關係，並且能夠推心置腹地交流。

三個月後，兩家公司共同組建了一支「供應商——零售商」隊伍，以合夥的方式開展公司業務，共同分享電腦網路資訊。甘布林公司可以監視沃爾瑪零售商店的銷售和存貨資料，分析這些資料之後來制定自己的生產和貨物運輸計畫。這種合作的方式省下了很大的中間環節，不僅提高了雙方的審核業務，也提高了雙方的管理效率。在山姆眼中，這也極大地節約了成本，節約下來的這部分利益完全可以讓給顧客，正好符合沃爾瑪零售店「天天低價」的基本宗旨。

解決好了與供應商的關係後，製造商的問題也不容小覷。在零售商拚命與供應商壓低價格時，製造商卻在追逐更高的價碼。由於零售商、供應商和製造商三方的轉手交易，造成產銷失衡。但是沃爾瑪在處理這幾方關係時非常明智，就拿沃爾瑪與寶潔公司的合作來說，堪稱零售商與製造商合作的典範。

寶潔公司原本對自己的生產成本嚴格保密，使得沃爾瑪商店無法預測寶潔公司產品的最低成本價；而沃爾瑪的銷售資訊也從不公開，寶潔公司也無法預測沃爾瑪商店的商品需求情況。雙方不透明的後果只能是「雙輸」。意識到這個問題後，山姆主動提出與寶潔公司高層領導會晤，認為兩家公司應該關注的重點是，如何提供良好的服務和優質的商品，最終保證顧客滿意。

此後，沃爾瑪商店與寶潔公司達成長期合約，即：寶潔公司向沃爾瑪商店公佈各類產品的成本，保證以最低的成本價向沃爾瑪商店輸入充足的貨源；沃爾瑪商店把各類商品銷售的資料和存貨及時告知寶潔公司，同意每日交換更新的資訊。

與供應商的合作關係，從一開始就產生了良好的效果。這種合作關係一方面可以讓寶潔公司簡化生產程序，更加高效地管理存貨，因而可以降低商品成本。另一方面，這種關係還可使沃爾瑪自行調整各店的商品構成，做到價格低廉，種類豐富，從而讓顧客受益。

不論供應商和製造商的經營規模是大是小，這種「共贏」的合作關係已經成為沃爾瑪與他們交往的基礎。

從工業社會發展到現在，零售商與供應商之間的關係，將從互相制約、互有所圖，向新型的互相合作、共生共榮的雙贏的夥伴關係發展。零售商幫助供應商瞭解市場，瞭解消費者需求，提出適銷對路的產品和價格建議；而製造商和供應商可以根據市場需求調整自己的生產，在保證品質的同時降低生產成本，使產品適銷對路。

沃爾瑪把這種「共贏」的連鎖效益應用到行銷過程中的各個方面，為沃爾瑪的高速發展做好了內因準備。可以說，「共贏」的策略是山姆及其員工創業精神的縮影，也是沃爾瑪企業精神、企業文化的靈魂。

追求更節約的成本

百貨零售行業的競爭歷來激烈，要想從中獲得更大的利潤，在其中佔有一席之地或者成為龍頭企業，最要緊的是最大程度壓縮成本。早在山姆參觀了第一家吉布森商店以後，他發現、領悟了其中的奧秘。吉布森公司有一家分店與山姆的沃爾瑪商店同在城鎮中心廣場，彼此都是雙方身邊最為強勁的競爭者。

吉布森商店在當地屬於比較老牌的商店，公司擁有比較強大的實力，實際商店規模也比較大。他們習慣利用投入大量資金的方法進行促銷，尤其是用保健品、美容護膚品等生活用品的低廉價格把顧客們牢牢吸引到商店裡。而他們的老闆赫布·吉布森先生也出手闊綽，喜歡開著凱迪拉克豪華轎車到處招搖。吉布森公司採用的方法是用最低的進貨價格採購大量商品，這樣一是保證了自己進貨的價格是全城甚至全美最低，可以穩賺不賠，二是保證了貨源的充足。

接下來，他們搖身一變，充當採購代理商，把這些貨物批發給特許經營許可店，這樣每個月收取300美元的佣金。隨著這種方法的普及，美國出現了許多廉價商店，以此為生。當然，採取這樣方法銷售的產品多為牙膏、牙刷、止痛藥、肥皂、洗髮乳等等，這些被稱為「形象產品」的貨物銷量極大，是非常容易進行大肆宣傳和推銷的。

山姆的沃爾瑪商店在開業初期受到了廉價商店採取的這種廉價銷售法的明顯衝擊，山姆曾經抱怨：「你在報紙廣告上大肆宣傳推銷的商品——像斯普林代爾商店推銷的價值27美分的克里斯特牙膏。你在店裡把它堆得高高的，以引起人們的注意，看到生意是多麼地好，人們就會傳言，你的價格確實是低。店裡其他一切東西的價格也很低，但是它們仍有30%的利潤。保健和美容品在定價時則犧牲了利潤。」

與廉價商店角逐的過程也就是公司逐步發展的進程，山姆沒有過多時間去考慮如何對付廉價銷售法，只是集中精力於自家商店日常的經營與管理，畢竟「做好自己最重要！」生意日漸擴大，山姆也把位於班頓維爾廣場的辦公室搬到了附近的一個舊車庫裡，這樣就有足夠的空間去容納更多的人辦公，其中包括幫忙處理帳簿的三位職員。

辦公室除了人員數量的變換，還有很多細節反映了沃爾瑪公司的成長。在辦公室的牆上，山姆做了個特別的設計——為每家商店設立了一個用於存放該店帳簿的小信箱。每個帳目可以讓山姆瞭解商店的經營情況，也可以對自己所擁有的商店一目了然，每當有新店開張的時候自然也要增設一個信箱。這種習慣或者說是管理方法至少持續到沃爾頓家族擁有了20間沃爾瑪商店的時候。

在會計制度的使用上，山姆採取了非常有趣的一種方法。一般商店會採用後進先出法

（LIFO）和先進先出法（FIFO）這樣的方法，不過山姆使用了ESP法，ESP意指「某處有誤」。山姆解釋說這是一個非常基本的方法：「如果你無法平衡你的帳本，你可以去掉多出的金額並把它登入ESP項下。」接下來，山姆為公司的每家商店都開設了損益帳戶，以便於監管各家沃爾瑪商店的帳務，出現問題則立即解決。

在經營管理中，山姆還有個法寶——分類帳本，這其中記載著沃爾瑪商店的一切，事無巨細。這其中包括的欄目有銷售額、管理費用、淨利潤、降價幅度、一切降價因素——公用事業費、郵費、保險、稅收等等林林總總。雖然項目繁雜，並且工作量繁重，但是經營者卻不以此為煩惱。

山姆已經養成了一個很好的習慣——每月會親自手寫登記這些帳目表格，這樣有助於他更好地瞭解各家商店的情況，並且會讓他記得很牢。一旦需要山姆前往各家商店檢查工作時，山姆總是對每家店的情況瞭若指掌，確切地知道經營狀況。

到20世紀60年代末期，山姆已經擁有18家雜貨店和一批沃爾瑪零售商店。不過他的目標不止如此。他希望能夠在不久就建立完整的沃爾瑪公司，致力於將他旗下的這些商店進行整合，逐步撤銷雜貨店，讓沃爾瑪商店規範化、規模化。

在山姆的公司，有一大批商店經理參與經營，這是山姆最得力的一群幹將。雖然不能以金錢來衡量，但是人力的成本在百貨行業裡也是不低的，不過山姆的朋友總是能事半功倍，讓人感到「物超所值」。

他們之中有一大批都是在山姆開始經營雜貨店時就認識山姆並加入進來的，直到商店經營轉型使他們成為一群廉價商店商人。山姆的商店經理們都是能想出很多對於店鋪經營有益的辦法，並且非常自由地試行他們的各種新奇的想法。其中與山姆關係最親密的要數他的業務經理——唐·惠特克，是山姆費盡心思從阿比林的TG＆Y公司聘請來擔當第一家沃爾瑪商店經理的。

唐·惠特克是個非常有意思的人，每個跟惠特克相處過的人都說他是個好人，工作勤懇，做事認真，為人正直，能力突出，但是脾氣秉性並不溫和，做事雷厲風行。惠特克後來成為了山姆公司的第一任區域經理，雖然身上有很多看起來不讓人信服的地方，比如說話態度粗暴，不熟悉的人根本不敢與他開玩笑或者招惹他；比如他學習成績太差了，高中都沒有畢業；比如他一隻眼睛有些小疾，看人的時候經常會人讓覺得滑稽可笑，不過這絲毫沒有影響他在整個沃爾瑪公司的重要地位。

山姆的另一個好朋友克勞德·哈里斯是沃爾瑪公司的第一任採購員，也是山姆的得力助手。他對山姆作為一個老闆的評價非常具體，非常稱讚好友選人時的精準：

「山姆是個敏銳的人，善於看透人們的心思，瞭解他們的個性，他在挑選人員方面沒有出過任何差錯……山姆是一個非常有說服力的人；他有一種魅力可把一隻小鳥騙下樹來……

他是那麼善於評價和挑選他的管理人員。他不只是在物色商店經理。我想他是在挑選他認為可以與之共事的夥伴。他雄心勃勃。他知道他需要實現的目標，他正在努力尋求，並且一步步地達到這個目標。」

作為百貨從業者，都很清楚一個商店經理對於一家商店的意義。優秀的經理會帶領商店轉虧為盈，像山姆當年一樣，但是一個糟糕的經理也有可能拖垮整個企業。因此如何挑選適合的商店經理，或者說是一名員工，都是很讓山姆花心思、動腦子的。

山姆對於招聘員工，尤其是商店經理這個職位來說，非常不願意聘請剛畢業的大學生。在山姆眼中，他們往往看起來手無縛雞之力，不願意也不能在一些事情上親力親為，比如擦個玻璃，打掃個商店，或者跟搬運工一起扛下貨物，而且要求的薪酬也是很高的。

有了這些想法，在具體招聘上，山姆往往採用面試的方法，比如前往面試對象原來工作的商店裡去聊聊，再邀請招募對象來到自己的商店參觀，或者山姆夫妻兩人邀請準備招募的人到自己家裡去，瞭解一些生活習慣和個人信仰的問題，全面地考核才能讓人成為「準經理」。

也許，某種程度上來說山姆的做法有些嚴苛，但是他的想法也只是讓自己的商店能夠提供給顧客最低廉的商品與最優質的服務。

發行股票籌募資金

資本一直是企業發展的關鍵，山姆從開店之初就深知這個問題。因此，他一直強調成本上的節約和資金上的壓縮，以保證沃爾瑪零售店在商業活動中有充足的資本流通。

隨著沃爾瑪零售店越做越大，分店越來越多，靠單一的資金回籠已經不能滿足店鋪周轉的需要。再加上山姆一直堅持獨立經營，絕不與他人合夥經營，導致沃爾瑪零售店資金嚴重缺乏。這在很長一段時間裡阻礙了沃爾瑪零售店的快速發展。分析了缺乏資金帶來的影響後，山姆不得不尋求一條新的資金拓展道路。

對於生意人來說，貸款是不可避免的。山姆也會因為業務的需要向銀行貸款，等資金寬裕之後，他都會立即去銀行還款。幾次之後，山姆在當地的信譽變得越來越好，各大銀行都樂於給他貸款，他們相信山姆的經營能力，看到沃爾瑪連鎖店的後續發展，相信山姆能夠還清貸款。

到20世紀60年代末期，沃爾瑪的連鎖店數量成倍增長，並著手向電腦技術設備方面投資，決定建立獨立的貨運配送中心。為了擴大店鋪規模，山姆不得不進行更大的貸款。他從達拉斯共和銀行貸了100多萬美元，同時也從親友那裡吸納了大量資金，為沃爾瑪零售商店的進一步發展做下鋪墊。

沃爾頓家族對每家沃爾瑪商店擁有絕大多數的股份，而山姆對整個沃爾瑪連鎖商店有最終的控制權。但是，數百萬美元的債務累積，成為山姆內心無法承擔的巨大壓力，他迫切需要還清這些債務，但令他意想不到的事情發生了——財務危機。

「根據大量評估和預測，我們認為沃爾瑪已經沒救了。所以，請務必在十天之內歸還我們的貸款。」這是沃爾瑪零售商店的主要債權人對山姆下的最後通牒。

為此，已經是32家沃爾瑪零售商店老闆的山姆陷入了深深的苦惱中。他認為自己的事業正在遭遇前所未有的困境，如果短期之內不能籌到這筆鉅款，他將很難維持沃爾瑪零售店的良好經營和信譽。經過深思熟慮之後，山姆決定去找自己的老朋友，達拉斯共和銀行的吉米·瓊斯。

吉米原來是達拉斯銀行的行長，他曾答應達拉斯銀行給山姆一個最高的貸款額度。換句話說，山姆可以從這家銀行借到150萬美元。有了這筆貸款，山姆完全可以從這次危機中逃生。

然而，令山姆意想不到的是吉米已經調任，當他去找新任達拉斯銀行行長貸款時，銀行說什麼也不願意貸款給山姆。山姆在達拉斯銀行碰壁後，只好飛往吉米任職的紐奧良銀行，希望能得到吉米的幫助。可是當他懷抱希望趕到紐奧良銀行時，辦公室空無一人。此時的山姆失望到了極點，他心想：難道沃爾瑪真的要因這次資金危機而一蹶不振嗎？

山姆癱坐在辦公桌對面的沙發上，思考著其他的辦法。突然，山姆的眼前一亮，他看見辦公桌上有一張印有「借據」字樣的票據。他急忙拿起這張票據看了又看，發現這是一張無需擔保的借據，這個借據正是他苦苦尋找的救星。欣喜之下，山姆快速地在借款人空白處填上了自己的名字，從銀行得到了這筆貸款，也使得沃爾瑪獲得重生。

度過這次危機後，山姆意識到向銀行貸款畢竟只是權宜之計。想要獲得長期有效的債務解決辦法，必須脫離銀行債權人的牢籠，拓展更廣的資金募集之路。根據當時社會和企業發展的狀況來看，最行之有效的辦法就是發行股票。儘管妻子海倫並不贊成，她說：「我無法接受這一點。如果將我們的財務公開出去，讓每個人知道的話，人們就有權過問我們的各種問題，那麼我們將毫無隱私可言。」

海倫的話雖然得到了山姆的認同，但是並沒有對事態的發展和山姆的決定產生多大的作用。一方面，沃爾瑪零售店的債務狀況一直是個大問題；另一方面，已經在一家律師事務所工作一年的長子羅布森也正在詳細瞭解沃爾瑪零售店的經營狀況。最終，他們達成了上市的決議。

臨近秋天，山姆與他的同事們奔走於各大公司經理和投資者的辦公室，他希望沃爾瑪的股票被眾人所知，為沃爾瑪的股票上市做前期宣傳，並希望獲得更多投資者的認可和支持。

與此同時，他與史蒂夫公司達成協議，讓史蒂夫公司認購沃爾瑪的30萬普通股票。如果每股按16.5美元計算的話，沃爾瑪可以從中獲得將近600萬美元的資金。而另一家公司的老闆邁克·史密斯也參與山姆的認購案。山姆樂見其成，希望兩家公司在認購時能產生競爭關係，這樣沃爾瑪就能獲得更多的認購資金，為上市計畫做下一步打算。

1969年10月31日，這一天成為山姆一生中極為重要的一天：沃爾瑪百貨公司成立。經過一連串的籌備和規劃，新生的沃爾瑪百貨公司漸漸走向正規，這也極大地推動了股票上市的步伐。

為了保證股票的順利上市，獲得最大的股票收益，山姆決定找一家更專業的上市操作公司承擔股票的發行事宜。此時，山姆正好要去紐約採購，趁著這個機會，山姆順決定順道拜訪在紐約的懷特·維爾德公司。

接待山姆的是一名叫做巴克·雷梅爾的經理，簡單寒暄之後，山姆直接拋出問題：

「你對包攬我們公司股票上市的事情有興趣嗎？」

巴克聽了山姆的計畫後並沒有給出明確的答案，只表明需要回去研究之後才答覆山姆。但這畢竟只是形式上的推諉，很快山姆就得到了答覆：懷特公司答應包攬沃爾瑪股票上市的事宜，制定詳細的股東股份名單。

一切準備就緒，等時機成熟，沃爾瑪便能遍地開花，獲得長效發展。

第八章 成為「帳面上」的富人

平易近人，吸引民眾的特質

山姆有著平易近人的性格，他總是離很遠就跟人打招呼，總是給人一種親切的感覺，這也是山姆的夥伴們與沃爾瑪員工所熟知的。不過平易近人的背後，還有一種強大的氣場，一旦人們靠近山姆，就會被他的內在深深吸引。

查利和山姆佈置好在班頓維爾的那家商店後，它就成了當時全美僅有的實行自助銷售的三家雜貨店之一，也是周圍8個州內的第一家自助商店。這在當時鮮有人知，或許可以說當地沒有人知道這一點。但是我們都知道，這是一個壯舉，是山姆及其合作夥伴們大膽、危險的一步棋。

早在1950年，山姆開始在《班頓縣民主黨人》報上做第一次廣告，該廣告作為歷史文獻至今陳列在沃爾瑪參觀中心。《班頓縣民主黨人》宣稱保證有大量價廉物美的東西供應，並向孩子們免費贈送氣球、9分一打的別針、9角一只的玻璃茶杯等等實惠的商品。《班頓縣民主黨人》是當地一份發行量很大的報紙，看到報紙上「重新開張大拍賣」廣告的居民們紛紛出動，不斷光顧商店，這讓山姆看到了這筆生意的希望。

山姆稱該店為「沃爾頓5分~1角商店」，顯然，山姆想把制勝法寶「廉價」重點突出來，該商店立刻脫穎而出，變成一家興旺的企業。它確實是當時同行業中的一流商店。

據當時商店店員伊內茲．思里特的說法，山姆先生具有一種吸引人的氣質，他會向他所見到的每個人打招呼，這就是那麼多人喜歡他並且樂意在他店裡買東西的原因。這大概也就是商店一開張就大獲成功的原因之一。

山姆總是設想在商店裡試行一些新花樣。有一次他到紐約出差，幾天後他回來對店員伊內茲說：「嗨！你過來，我給你看一樣東西。這是今年流行的玩意兒。」

伊內茲走過去看到一只裝滿涼鞋——當時被稱為襻帶鞋——的箱子。伊內茲看著那一箱涼鞋，沒有欣喜，只是苦笑著說：「這些東西肯定無法賣出去，它們只會讓你的腳趾頭磨起泡。」

但是山姆卻不這麼想，他拿起來一雙雙地捆好，把它們放在走道一頭的檯子上，標價為每雙19美分。

令伊內茲沒有想到的是，那滿滿一箱的涼鞋居然賣光了。伊內茲描述他當時的驚訝程度是這樣說的：「我從來沒有看到一件東西賣得那麼快，一雙接一雙，一大堆很快就賣完了。」大概當時鎮上的每個人都買過這樣一雙涼鞋。

面對「沃爾頓5分~1角商店」的成功，山姆又開始在其他城鎮尋找開設商店的機會。直到30多家的沃爾瑪零售商店實現了連鎖經營，統一稱為沃爾瑪百貨公司。

公司做大意味著財富的增加。經過多年的財富累積，山姆擁有的錢財絕不僅限於購買多少間房子、多少架飛機或者多少艘遊艇。可是山姆認為他們的生活並不需要這些。

對山姆一家人來說，他們只需要有足夠的食品，夠住的房間，有打獵的林子，有網球場地。除了生活的必須物品之外，山姆還有足夠的錢財讓子女接受良好的教育。

簡樸的生活方式和自然的思維風格，讓很多人誤以為山姆在哭窮。事實上山姆也不覺得自己多麼富有，他擁有的那些財產只是帳面上的一些數字，沒有任何實際意義和使用價值。

涉及到生活，依然是那些日常的必需品，他從不認為穿著老舊的牛仔褲有什麼問題，也不覺得去普通理髮店理髮有什麼不妥。他曾經帶著嘲諷的口氣對媒體說：「我為什麼不能駕駛一輛運貨的小卡車呢？不然我那幾條狗拴在哪裡呢？難道要把牠們關進勞斯萊斯轎車裡嗎？」

山姆一家的節儉生活方式和他平易近人的特質，擊垮了那些散佈「摳門家族」的人。他用節儉的固執觀念對待自己，也對待公司和家族的每一位成員，要求他們繼承這種節約作風，珍惜每一美元，懂得體會每一份勞動換來的收穫。他坦言：「如果公司、家族子孫們有任何購買豪華遊艇和購買度假小島的愚蠢行為，即使我死了也要從地裡爬出來，找他們算帳！」

正是山姆這種嚴格的金錢觀和生活態度，使得沃爾頓家族在消費觀念上保持了良好的傳統。即使他們成為美國最富有的家族，也極少揮霍金錢。除了業餘愛好和慈善事業之外，他們不會把過多的錢投入到不恰當的地方。

「商場和球場」間的風度

山姆有很多業餘愛好，在他青少年時期就已經將個人特長發揮得淋漓盡致。幾十年後，已經成為美國巨富的他依然沒有放棄自己的個人愛好。但山姆絕不像人們眼中的其他有錢人那樣，在高級高爾夫會所揮杆入洞，在著名的娛樂中心優雅地打著橋牌。

其實，山姆曾經玩過高爾夫，山姆夫人海倫回憶說，在他們初次見面的時候，他正在打高爾夫，不過看他的樣子，這種休閒的項目不適合他，「有次他把球打出界了，打到了樹林裡，氣得他把球杆往樹上摔，高喊著『我受夠了高爾夫！』」

山姆也說：「許多商人喜愛打高爾夫球，但我總覺得這項運動過於休閒和費時，而且又不像網球那樣富有對抗性。」

的確，山姆喜歡打網球，作為沃爾瑪百貨公司的核心，即使工作再忙，他也沒有放棄自己的愛好，甚至偶爾還參加比賽。他的球拍就像他的朋友一樣。每到一個地方，山姆都要約上三五朋友打網球，在太陽最厲害的中午，有力地揮拍，大幅地跑動，拚命地出汗，好像這樣才能讓網球這項運動散發出最大的魅力。但是散發運動魅力只是打球的一方面，山姆認為在球場上結識朋友才是運動最有意義的事。

山姆的網球夥伴喬治·比林斯利與山姆是老交情了，他認為對山姆來說，「打網球就像吃飯一樣規律，但他不希望任何員工為了娛樂和休閒擅自離開工作崗位，為了做出表率，他才擠出那點可憐的午休時間找我活動活動。」

即使說要出差或者外出旅行，山姆也惦記著他的網球。洛雷塔·博斯·派克是山姆·沃爾頓的手下，但人們更願意叫她「網球副總經理」，因為她負責安排山姆的行程安排和活動。顯然，山姆離不開網球，洛雷塔說：「如果沃爾頓先生外出旅行，他一下飛機就會打電話給我，讓我給他馬上找個對手，然後他回來就能立刻打上網球了。

山姆之所以喜歡對抗性的網球運動，是因為他享受爭勝的過程。如果職業運動員與山姆一絕高下，山姆即使要輸，也不會讓對方贏得輕鬆。山姆從來不會小覷任何一場比賽，連半個小時的練習都會全神貫注地去觀察對手的發球角度和揮拍力度，也會在私下觀看比賽錄影研究對手，瞭解彼此的優勢和弱點。

在商場上，山姆是最棒的商人，而在球場時，他也是最棒的運動員。

「如果你給山姆一個高球，他就會以一記扣殺得分，我就吃過不少這樣的『一回合得分』。」喬治對他的球友很是欣賞。不過山姆絕對不是輸不起的人，雖然渴望勝利，但規則對他來說是重要的，更可貴的是。山姆如果輸了球，會朝對手高聲讚揚：「你今天打得可真棒！」對他，輸贏都不失風度。

相比於網球這項運動，山姆更癡迷於打獵，尤其是打鵪鶉。說起打鳥，不得不提山姆的岳父羅布森先生，一個酷愛打鵪鶉的人。

羅布森先生與山姆的槍法不分伯仲，每次去克雷爾莫爾，他們都要好好較量一番。他們會在山野間奔跑，射擊，這得益於山姆長期鍛鍊得來的一副好身體。兒子約翰·沃爾頓回憶說：「即使我父親已65歲多了，我還得拚命追趕父親的步伐。我覺得自己的身體很結實，我喜歡輕鬆自如地慢慢走，享受野外的風光。但當我抬頭看時，父親早已無影無蹤了。他打獵就像謝爾曼進軍喬治亞州一樣。」

山姆有很多狗，他與牠們相處地愉快極了，他們一起在打獵的路途上有過不少美妙的經歷。有隻叫羅伊的小傢伙是山姆的寵兒，山姆會與牠同眠共枕。不過羅伊可不是條好的捕鳥獵犬，有時候，它只會跟路上遇見的臭鼬打架，蜷聚在一起的兩個毛茸茸的生物總是打得難捨難分；有時候，它會給山姆指出野兔在哪，對於鳥兒不聞不問；有時候，它在山姆的店裡會做出一些滑稽的動作讓顧客發噱。

羅伊甚至為沃爾瑪商店銷售的狗糧做過代言廣告，反應相當不錯。當然，山姆最喜歡羅伊，是因為羅伊也很喜歡網球，所以山姆經常帶著羅伊去網球場，讓羅伊充當「撿球手」，牠自己也玩得很開心。

還有一隻狗，叫喬治，這是條訓練有素的獵犬。牠對獵物有種本能，這可比羅伊強多了。喬治個子不大，跑得卻奇快，牠嗅覺靈敏，不停地嗅著，轉向，向前，等待。不過，山姆從來沒有請過訓狗師，喬治完全是由山姆調教出來的。

山姆會挑出看起來有些笨的小獵犬，然後開始訓練，比如向牠們重複命令，糾正動作，加以強化，「打獵中真正使我感興趣的是與狗的協作以及對牠們的訓練。你得與牠們成為好夥伴，你必須獎勵牠們，牠們當然也得好好幹。」獎勵是訓練獵犬的必須步驟。慢慢地，獵犬們就學會了尋找目標，約束自己，靜待獵物。

追求自然和平靜。這是山姆喜歡打獵的一個重要原因。他說：「當我置身於野外時，我把沃爾瑪百貨公司或自己的一切事務都拋諸腦後，只想著下一批鳥兒會在哪兒出現。」後來，山姆在德克薩斯州的奧格蘭德山谷租了一座牧場，相當於常見的那種貴族式的狩獵，但山姆這裡顯得簡約多了。沒有統一著裝的大批僕人，沒有高級珍貴的獵槍，沒有設計高貴的莊園，山姆的牧場，只有一間樣式破舊的活動房屋，被他稱之為坎普．查波特。如果住在坎普．查波特，會有人指著一個床位，提醒入住者說：「如果聽見天花板上的嘈雜聲，你不要擔心，那不過是老鼠。」

這些外在的環境條件並沒有影響山姆的愛好和熱情。他把打鳥作為促進自己生意的方法之一。有時候需要進入別人的農場或田地打獵時，山姆總是介紹自己是班頓維爾廣場的沃爾頓雜貨店的山姆．沃爾頓。這無疑是給自己做活招牌，當農民進城買東西的時候，哪個不願意跟與自己交談過，甚至在自己院子裡打過獵的人做生意呢？現在還有不少鄉親，時常念叨起當年那個來自己家打獵的小夥子已經成了全世界著名的大老闆。

錢不過是一些紙片

簡樸是一種行為方式，樸實便是長期簡樸下的情懷。美國人從來都不崇尚這種「小家子」氣的生活方式，他們崇拜如同山姆大叔般的英雄主義氣概，而英雄是不可以「小家子」氣的。

沃爾瑪分公司在深圳開了總部，一位記者滿懷熱情，他對沃爾瑪公司的財富充滿好奇，發自內心地說道：「當我得知可以拜訪沃爾瑪公司在中國的總部時，毫無疑問，我激動異常。我想像不到那會是怎樣的金碧輝煌。」

然而這位記者「希望越大，失望越大」。

「這不過是最常見的大賣場，群眾熙熙攘攘，道路狹窄異常，連個天花板都沒有。」

沃爾瑪公司，這個零售界的奇蹟，自始至終都踐行著合乎廉價商店稱號的理念。即使它現在已經是全球知名的零售業王者，但依然樸實地珍惜著每分錢。

沃爾瑪公司的營運模式與山姆的個人生活保持著協調一致：公司節儉營運，個人簡單生活。即使當山姆被醫生告知：「沃爾頓先生，我們對您的檢查報告感到很抱歉，希望您不要再做與您年齡並不相符的辛苦工作了。在餘下的日子裡，您應該盡可能做自己喜歡的事情。」

聽著醫生的話，山姆直接從床上跳了下來。

「可是醫生，我的生命意義全在沃爾瑪公司，如果我走了，該死的，我怎麼保證公司還會按照我的設想走下去。」

在山姆眼中，他的生命意義和普通的促銷員一樣，那就是賣出更多更多便宜的商品，讓自己白手起家的公司，「永遠比對手節約成本」。

不要以為山姆是一個不折不扣的「吝嗇鬼」，他奢侈的時候會讓所有人震驚不已。好比在1984年，他花天價購買衛星就是「奢侈」壯舉之一。

一天，經理們都各自忙碌著自己的事情時，山姆突然把他們召集起來，興沖沖地說：「嗨，夥計們，我租了一顆衛星，這樣咱們就可以建立最為先進的私家電子商務網了。」消息一公佈，所有經理們都震驚得不知作何反應，因為作為一家零售業公司，獨立擁有一顆衛星是史無前例的。

事實上，沃爾瑪公司也是最先把電腦用來作為公司營運管理的工具，山姆並不會在順應時代潮流上吝嗇一分錢。而這些大手筆，為他以後進一步節約成本奠定堅實的基礎。

20世紀90年代，剛剛進入中國的沃爾瑪公司，商店裡推出的打折商品包括各種折疊梯、汽車輪胎或可供一年食用的醬油。促銷員們竭力向顧客推銷著這些他們「引以為豪」的低價商品，但是效果並不好。當時的總裁大衛．格拉斯看著週報表上並不理想的銷售額，簇緊了眉頭。

一週後，沃爾瑪公司的促銷商品變成了1美元烤雞、吃西瓜比賽等，大衛看著新呈上來的週報表，終於露出滿意的微笑。

這一切都要感謝山姆那耗費數億租下的衛星，以及遍佈整個沃爾瑪公司的電腦資訊網路。借助它們高速快捷的資訊匯總，將最為顧客喜聞樂見的商品擺在了促銷貨架上，讓顧客自由自在地挑選，一切水到渠成。

沃爾瑪公司的營業額在瘋狂增長著，從1981年的超越125家零售店總銷售額的三倍，成為零售業的巨頭。

當所有人都覺得山姆不過是一位不斷工作、只為獲得更多利益與金錢的商人時，一次突發意外讓山姆看似「熱衷財富」的形象轟然倒塌。1987年10月19日，股市行情暴跌，沃爾瑪公司在一週內損失17億美元。許多公司雖也遭受厄運，但看到沃爾瑪公司的慘重，均有些幸災樂禍。然而當被問到如何面對如此巨大的損失時，山姆用他那一貫處變不驚的語氣說道：

「錢只是些紙片，我關注的是沃爾瑪公司的規模。」

是的，在山姆的世界裡，錢只是數字上的變化，規模才是讓山姆真正感到滿足的動力。他希望自己的沃爾瑪可以遍佈全世界，甚至希望，只要走幾步就會有一家沃爾瑪商店。這是一種屬於促銷商人的驕傲，而錢並不足以支撐這種驕傲。

十美元的借款

法國作家莫里哀小說《吝嗇鬼》中有這樣一個情節：阿巴貢小心翼翼、躡手躡腳、走三步退兩步地來到自家後花園，拿出鐵鍬，搬出一大罐子，然後將幾枚大金幣放了進去，接著再埋好罐子，用腳狠狠踩了踩，繼而抬起頭，四處打量打量後，安心離開。

這是莫里哀的經典作品，生動刻畫了一位有錢的「窮人」形象。無論是對自己還是對別人，他提供的三餐，永遠都是一個饅頭、一疊鹹菜，他的衣服也永遠是那麼一套，四季不變。這個形象被沃爾瑪公司的競爭對手複製到山姆身上，稱他是當代的「吝嗇鬼」。

作為沃爾瑪公司的創始人，山姆的財富與日俱增，1985年他最終成為了《富比士》雜誌上的全美第一富豪。按照一般大眾的基本邏輯，財富意味著奢侈，意味著可以毫無顧忌地滿足自己的欲望，意味著可以買艘豪華遊艇，買座熱帶地區的小島度假。財富也許意味著任何事情。

每個人都想變成有錢人，都想擁有這些夢幻的身外之物。大家將歆羨的目光投向了山姆，因為，他實實在在擁有了這種可能性，而不是像很多人在那裡做白日夢。

「大衛，你借我10美元吧，我口袋裡一分錢都沒有。」

看著有點發窘、不知所措的山姆，沃爾瑪分公司的經理大衛．格拉斯徹底傻眼了。這是一次非常嚴肅正式的商業出行，而山姆身上竟然沒有一分錢和一張可以用來消費的信用卡。大衛心中暗暗想：「不會我真的遇到了現代版的阿巴貢了吧！」

山姆看著大衛狐疑、略帶深思的眼神，頓時沒了威嚴：「老兄，別這樣，我忘記了，平時我也不會帶很多錢出門，下次吧，下次我一定還給你10美元，不會差一分的。」

不僅大衛為山姆的「缺錢」模樣跌破眼鏡，記者更是一次次目睹了他的「樸素」生活。各種報導鋪天蓋地席捲而來，什麼「鐵公雞」山姆．沃爾頓，「簡樸」的山姆．沃爾頓。當然，山姆看到這些報導，只能苦笑幾聲。

其實，山姆與阿巴貢有著本質的不同。山姆並沒有過著「吝嗇卻推崇財富」的生活。曾經有一位記者問過山姆：「想要什麼樣的生活？」山姆回道：「沒有多麼奢華的嚮往，我只是單純地希望吃飽、穿暖，有個地方可以養我的獵犬，可以讓我打打獵，打打網球，啊，對了，當然，希望我的子女可以接受到良好的教育。」

說完後，山姆會心、滿意地點了點頭。也許當時的記者和一般人都覺得山姆在冠冕堂皇地掩飾著什麼，以為他是一位虛偽的富翁，他們不相信富翁會有如此樸實、樸素的生活理想。然而，山姆確實是這樣。他只取他確確實實需要的東西，如果那個東西超過了生活的實際，就是多餘的存在。即使有再多錢，山姆也不屑於去買。

除此之外，山姆每次外出做生意，都是和同事擠一間房。有一次，他憂心忡忡地問同伴：「怎麼做才可以讓自己的子孫後代辛勤工作，而不是享受現有的富足生活呢？」

如果常去佛羅里達那不勒斯的里茨—卡爾頓飯店，也許遊客會碰到山姆一家，他們經常會去那裡度假。偶爾抬頭看看天空，人們會看見一架飛機劃過天空，留下長長的白色軌跡，也許那正是山姆一家準備前往聖達戈的德爾柯洛納多飯店度假。山姆的生活並不奢華，但卻樸實自然，南轅北轍於阿巴貢的形象。

山姆節省每一分錢的原因，也許沃爾頓公司早期的商店經理加里·賴因博思的答案可以給人們滿意的答案：「沃爾瑪公司珍視每一美元的價值。我們需要為顧客提供優質服務，所以節約是我們的優良傳統。」

第3篇 擴張時代

（1970年52歲～1992年74歲）

在20世紀後30年中，山姆．沃爾頓是把美國夢的蓬勃生命力展現得最淋漓盡致的人。從班頓維爾的一家小店，發展到成為一家大型連鎖零售商，再到沃爾瑪公司上市，山姆的大腦裡既涵蓋了保守因子，也透露著無限激進和敢於冒險的開拓主義。

他經常說：「金錢超過一定的界限之後，就不那麼重要了。最重要的是一個企業的規模。」確定了這一思路之後，山姆的版圖擴張計畫逐步拉開序幕。先進的電腦系統和定位全球的衛星設備，成為這個零售王國最堅固的基石；輕鬆幽默和自娛自樂的生活方式與企業文化相融合，成為沃爾瑪公司獨特的管理方式。

山姆真誠待人和吃苦耐勞的個人作風，深深地影響乃至塑造了沃爾瑪帝國的整體概貌，形成了沃爾瑪帝國獨特的文化特色。

第九章 從細節強化沃爾瑪

E化的沃爾瑪

人們常說，在物質社會中，人之所以可以區別於其他動物，是因為人類會使用生產工具。一個社會的進步標誌以生產力為標準，而生產力的最突出表現便是生產工具的先進程度。

沃爾瑪公司，在持續擴大發展中成為零售業新星，在以廉價銷售與以顧客為第一的理念下，順應時代潮流地經營。與此同時，嗅覺敏銳的山姆，發現了電腦網路對於管理的巨大意義。

當山姆突然宣佈自己買了顆衛星時，一位經理在下面小聲不屑地撇著嘴：「你還不如買一座熱帶小島，度假去算了。」

聽到這些話的經理們，也紛紛說道：「是啊，沃爾頓先生，我們根本沒有必要耗費這麼多錢，做這些冒險的事情。我們只要一直這樣下去，成為世界第一，根本不成問題。」

看著這些面孔，山姆來回踱著步子，沉默了很久，他想開口說些什麼，但最終只是嘆了口氣，說道：「你們回去吧。你們要相信這是順應歷史潮流的，沃爾瑪公司一直都在走著冒險的路。」

大家都知道在銷售行業裡，環節越多，商品附加值就越大。如同一條褲子，從廠家那裡直接買，可能是1美元；如果從批發商那裡買，可能是1.2美元；如果從百貨商店買，可能就要1.5美元。電腦的引進，就可以直接繞開中間那些人，直接架起橋樑，進價就可以是1美元了，那麼沃爾瑪公司可能會賣1.1美元。省去了中間環節消耗的資本，成本自然就壓縮了。

隨著沃爾瑪成本的持續下降，所有人不得不再次向山姆投去欽慕的目光。山姆也為自己善於利用新技術而感到自豪：「我利用電腦建立了屬於沃爾瑪公司自己的銷售地圖，哪裡有可以發展的地方，不同的地方需要哪種銷售與配送模式，我的電腦都知道。」

沃爾瑪百貨公司一直堅持集中管理的方式，但是隨著百貨公司的業務越做越大，山姆不得不借助新技術來保證與每家分店的聯繫。他的目標和願景是希望用沃爾瑪百貨公司自己的力量來實現貨物的配送和運輸，組建自己的行銷網路，這樣便不會受市場和合作方的干擾。

山姆決定引進的新技術是指AMART系統和IBM大型電腦設備。採用這些設備後，供應商運送的所有貨物都會錄入七位商品碼，基本的商品資訊都會儲存在電腦系統裡。

利用這項技術後，前臺售賣時會掃描商品，這樣網聯電腦就會自動減去售賣數量，極大的省去了貨物清點環節的時間，減少了人工計算的失誤和麻煩。此外，採用新技術後，可以定時定期分析每段時間的銷售數量，不管是帳面數額還是商品盈利率都能夠得到快速反映。

當時沃爾瑪公司的分店已經在全美各大州陸續開了起來，它們如同一張正在快速編織的巨網，覆蓋在美國的各大城鎮。一個典型的例子是沃爾瑪公司位於美國德克薩斯州歐文鎮的分店管理。

歐文鎮分店的經理名叫埃德·納吉，他在很短的時間內就掌握了總公司和分店的行銷情況，並且做了詳細的備案資料分析。他之所以能夠快速取得成效，就是得益於全面而系統的先進技術設備。埃德在管理分店時，只要掃描任何產品的七位條碼，都能快速掌握該商品的庫存，以及該商品的配送情況。在實行新技術之前，這些工作不知道要花費多少時間和員工的配合才能完成，而如今這一連串的事情只需要一個人在幾秒鐘之內就搞定了。

依靠這些龐大的資訊系統設備，所有分店的經理們都能依靠歷史資料來調整訂貨和銷售計畫。他們可以針對某一商品進行銷售試驗，並且在地區銷售之間做一個詳細的比較。既幫助他們簡化了銷售流程，又能快速高效的完成營業目標。

得益於這些先進設備，沃爾瑪公司的版圖不斷擴大，反過來又促使沃爾瑪公司招徠了更多的人才。

沃爾瑪公司的創新體制，吸引著所有擁有此種才能的人。與此同時，沃爾瑪公司求賢若渴，即使一些原本是山姆競爭對手的人，最終都和山姆成為了一個陣營中的「戰友」，他們共同打造著屬於他們的銷售帝國。

「我用E化的沃爾瑪，讓所有人，盡可能地去做他們真正覺得有意義，而確實附加值大大高於計算某件商品數量的事情。其實這個世界上有很多人，他們有著共同的目標，我將他們聚集在一起，看會產生什麼樣的奇蹟。」

山姆看著這些從來不甘心服輸於自己的人才們，發出會心的微笑。

話雖如此，這些方法的具體實施，才是最為關鍵的問題。對此，山姆當然表示過懷疑，他可以確保自己在的時候，沃爾瑪公司可以這樣，那麼如果他走了呢？

記住：做企業就是做細節

在文學作品中，如果細節描寫運用得好，整篇文章都會流溢華彩；一個求職者面試時，招聘者也會透過細節來考察此人是否合適此職位。山姆諳於細節的真理，他總是這樣告訴經理們：沃爾瑪公司只是一個小企業，零售就是細節。

在山姆的「銷售地圖」上，密密麻麻地標著各種小紅點，從密西西比河上游，連接而下至佛羅里達州；從阿帕拉契山脈橫亙到五大湖沿岸，這是沃爾瑪帝國土地上的銷售神話。雖然山姆告訴經理們「沃爾瑪公司是一家小企業」，它的實際規模卻很大，大到交通工具需要使用飛機。

為保證每家商店都以最佳狀態營運，需要這位已經被眾星拱月的山姆好好想一想。如果他一直在自己的高層辦公室中，不能及時瞭解員工們和顧客的真正想法，那麼所有的想法都無從談起。因此，他從來不會在自己的辦公室待著，而是實行「門戶開放」原則，走出辦公室的大門，去和公司的員工以及商店的顧客交流。

「山姆身體很好的時候，每天早上四、五點就過來，查看堆積如山的各種報表。以最快速度完成後，就開著飛機去幾家他覺得可能存在問題的商店。」一位沃爾瑪公司的經理說道。

隨著沃爾瑪資訊網路越來越發達，各種資訊也越來越準確。看著身體狀況與日俱下的山姆，海倫很擔心地說：「我想也許你可以直接在家裡辦公，這些資料都可以直接發過來的。」消瘦了很多的山姆，擺擺手說：「不行啊，不去看看，我不放心。」山姆的堅持使得他的智囊團們連夜趕工，設計出了一套新的管理體系。

新的體系要求各家商店經理們每天向區經理報告情況，區經理向大分區總裁報告情況，最後情況彙集到山姆那裡。當然，這些情況都是經過了大幅度的精簡。

山姆非常相信他的下屬。在他看來，如果不是非常重要的情況，權力下放是必須的。然而，即使如此，不甘於僅僅看資料的山姆依然會偷偷跑出去，駕著他的破飛機，從這裡到那裡。有時他會搬個板凳，坐下來，看著來來往往的顧客和忙忙碌碌的銷售人員，就會覺得很安心。

他往往一待就是一天，晚上和員工們一起吃飯，半開著玩笑：「夥計們，你們的經理，沒有開小差、給你們小鞋穿吧！」

接著，便是經理不滿的嘟囔聲：「沃爾頓先生，你又來了。」

繼而，大家便都會爆發出一大片笑聲。

所有的銷售人員都崇拜、敬重山姆。他們知道他是站在「金字塔尖」的人，但同時，又覺得他就是一位穿著邋裡邋遢、行為隨和平易、想法出人意料的小老頭罷了。第二天，海倫就會出現，帶著山姆回家。大家站在送行的行列中，滿懷著下次他還會來的期待。

當然，一切都不會是平靜如流水，一些小的波瀾偶爾還是會出現。當大區總裁告訴山姆，有一家店連續幾個月一直做各種促銷活動，但是效果並不明顯，商店處於虧損狀態時。山姆一整晚的勞累便不可避免，因為他不願意放棄任何一家商店，每家商店都是全體員工辛勤的結晶。接著，他會再次悄悄駕著飛機離開，海倫並不是不知道，她總會站在窗戶邊，望著匆匆忙忙離開的山姆，搖搖頭。

到達分店後的山姆，彷彿回到了自己曾經第一次開店經營時的青蔥歲月，幹勁十足。大家也都是熱情高漲，紛紛建言獻策，於是一連串拯救措施便實施開來。幾天後，海倫又會再次出現，將山姆接走。

對於沃爾瑪公司，山姆有獨特的看法，他覺得：沃爾瑪公司很大，它遍佈美國大地；沃爾瑪公司又很小，因為山姆將每家商店都當作一家完整的沃爾瑪公司，他們即是一個整體，又是分散的各個部分。

此時，夜晚再次降臨，看著貼在牆上的自己的銷售王國，山姆輕輕地告訴海倫：「你相信嗎？沃爾瑪公司其實就是一家小企業。」

讓數字自己來說話

《聖經》中上帝懲罰了不聽話的亞當與夏娃，因為他們偷吃了高高掛在樹上的蘋果；現實生活中，我們卻都在搆著高高掛在樹上的蘋果。它就像每個人的人生奮鬥目標一樣，引誘著我們抬頭、伸手。

20世紀70年代的零售業，有這麼一種在借鑑中成長，在切磋中發展的優良傳統。每一年年終，阿肯色州的8家區域性折扣連鎖店的高層們會碰面，互相說說這一年中本公司的功過得失。這是一種很好的業內分享會，在這裡，人們可以擴大自己的事業，盡可能地吸收更多有利、豐富的思想資源，山姆也從中獲得了巨大的能量與動力。

當時的8家折扣連鎖店中，有一家名為凱馬特的連鎖店，它將自己旗下的克萊斯格廉價商店合併為一家大型折扣商店。此前，8家區域性折扣連鎖店，因為相互距離遙遠而並不存在利益互損現象，也就沒有所謂的競爭。其旗下的各家小型連鎖店也是各自相安無事地互相經營著，有井水不犯河水的感覺。因此，突然之間發生這麼巨大的改變，對於這些小連鎖店來說無疑是個不小的衝擊。它告誡著各大高層領導們，人無遠慮必有近憂，如果僅僅安於現狀，那麼很快，他們就會被吞噬掉。

為此各家首席執行長、首席產品與首席營運長們均紛紛聚集到克萊斯格廉價商店門口。幸好，當時的零售業是非常開放與寬容的。克萊斯格的高層熱情地接待了各位到訪的貴賓們。「貴賓們」被帶領著，首先參觀了他們的商品佈局與促銷佈局，接著參觀了供應倉庫，再接著參觀了客服之類的各大領域，當被問到「不知各位可有什麼想法」時，各家紛紛表示了自己的讚許與建議。

溢美之詞，讓克萊斯格商店的高層們笑逐顏開，並在此基礎上產生了共鳴，克萊斯格高層告訴各家更為深層的經營理念與模式。與此同時，也表達了自己的某些困惑，比如，進貨商的價格協調問題，促銷商品如何更恰當地符合民意的問題。

當然，當有些「貴賓們」提出頗為尖銳的批評時，克萊斯格高層也會虛心接受，並向對方詢問可有解決方法。就這樣，在碰撞中，銷售思想得到了巨大發展，每家商店都從這次會議中獲益匪淺。

其中的山姆，更是如獵鷹般，緊緊抓住各種有效資訊。他變得熱血沸騰起來，如同終於遇到旗鼓相當的對手般，產生了巨大的挑戰欲望。他覺得自己想要的「蘋果」在頭腦中變得越來越清晰。他清楚地記得各家高層在此次會議上的各種資料，在駕車回到沃爾瑪公司的路上，這些資料不停進入山姆腦海。他記得第一位首席執行長這麼說：「去年我們的銷售額是4千萬美元，十年後，我們可以做到8千萬美元。」

他記得第二家執行長這麼說：「我們的銷售額是6千萬美元，十年後，我相信一定可以達到10億美元。」

還有另一位執行長說：「我們的銷售額已經是1億了，十年後，我們將會達到1億6千萬。」

當然，他更是忿忿不平地記得自己說話時，大家幸災樂禍的反應，當時的山姆在會議上說：「我們沃爾瑪公司的銷售額是4400萬美元，十年後，我預計會達到20億。」

說完之後，全場哄堂大笑，儘管這也在山姆的預料之中。因為，在人們心中他身高「最矮」，蘋果卻要得「最高」。難怪會給各家執行長以「螞蟻撼大樹，可笑不自量」的感覺。

開著車的山姆，越想越覺得激情澎湃，他喜歡瘋狂的行為，喜歡因瘋狂而產生的巨大成功，那是一種無法表達的興奮感：「沃爾瑪會讓你們大吃一驚的，我有這個信心。」

手緊緊地握著方向盤的山姆，加速，飛馳向沃爾瑪公司總部，今夜又將是一次不眠之夜，山姆心中有著自己的計畫與想法。回到辦公室的山姆，打開燈，推開椅子，快速拿出筆與紙，將一連串的資料寫出來，行雲流水般：

西爾斯（Sears）93億美元

潘尼（J.C.Penney）42億美元

蒙哥馬利．沃特（MontgomeryWard）28億美元

凱馬特（Kmart） 26億美元

伍爾沃斯（Woolworth） 25億美元

這些是當時美國最為著名的零售商的銷售額。沃爾瑪在當時卻是一個僅僅排名為36位的，不為人所知的小企業。然而，當山姆寫出這些零售商的銷售額時，他的眼睛緊緊盯著它們。一顆顆「大蘋果」是那麼誘人，讓這個有著「不正常思維」的山姆產生了巨大的饞意。人都是這樣，當目標模糊時，行動力不會很迅速，反而會比較滯後；然而，當人們將目標盡可能的精確化，最後達到變成數字的狀態時，整體的行動力會迅速提升。

山姆看著這些資料，就產生了這樣的欲望。他的事業，他的生命意義，不就是將沃爾瑪變成世界第一嗎？

第二天一大清早，沃爾瑪公司召開了部門經理會議。一宿未睡的山姆，告訴經理們他的目標。經理們看著山姆，聽著他的「無稽之談」，既震驚又有些信服；畢竟他是山姆，這些資料是山姆提出來的。他們總覺得山姆與生俱來具有一種銷售能力，畢竟此前的成功已經充分證明了他的才能。所以也許銷售超過20億並不僅僅是夢想，它有變成可能的巨大現實力。

隨後，沃爾瑪的銷售收入和純收入果真以每年40%的速度增長著。營業收入和純收入分別在10年時間增長40倍和35倍。這使沃爾瑪一躍成為全美最年輕的年銷售收入超過10億美元的區域性零售公司和成長最快的、領先的區域性折扣百貨公司。而20世紀80年代則是沃爾瑪走向巨人的10年，在這10年內它保持了35%以上的年增長速度和不斷下降的經營成本，使它成為全國零售行業的巨人。

《格列佛遊記》的作者喬納森·斯威福特說過：「遠見就是看到別人看不到的事。」這種遠見並非天生，而是依照事實根據，周密地分析資料，朝著目標去行動，才會預料到可實現的遠見。

山姆有著這樣的遠見，他可以看到別人看不到的事。正如接任總裁的大衛·格拉斯所說：「他用自己的原件為我們畫了一張藍圖，然後我們都接受它，並且喜歡它。並且向著它努力。於是這張藍圖成了現實。」

經歷過這十年的一位經理這麼說：「山姆透過眼觀、耳聽身旁的小事做到了這一點。其實，大家也都能夠做到。」

山姆的10年20億的夢就這麼實現了。

錙銖必較，只為了能平價銷售

人們分析問題或者某種現象時，總會從客觀與主觀兩個方面來綜合歸納。客觀方面的事情，可以很精確，透過許多客觀資料得到答案；主觀方面的計算卻不能做到那麼精確，不過也是有範圍可言。山姆在執行這個問題上也有同樣的見解，他知道高科技設備是擴展經營的一方面，人為因素的籠絡是經營的另一方面。

沃爾瑪公司在電腦等資訊科技的採用上，向來都是大手大腳的。但是，除了像衛星這樣硬體上的儲備外，山姆知道更重要的還是在於軟實力，也就是這個公司的營運理念與整體公司氛圍。

山姆深刻地瞭解，技術革命需要抓緊；人才革命更是不能忽視。一個公司的經營者是人，命令的發出者和執行者也是人，如何將各個環節與部門有效銜接，使大家擰成一股繩，是山姆需要考慮的。

一次，山姆從辦公室出來，看到一位清潔工艱難地拿著一大堆的東西，往垃圾車那裡走去。山姆急忙上前，準備幫忙：「夥計，這可真夠讓你搬的吧。來，給我點。」

這堆東西已經超過清潔工的身高，他根本看不見說話的人是誰，只是不住的表示感謝：

「謝謝，可不是嘛，每一週，我都要搬這麼多，可真是夠我受的。」

山姆一邊聽著清潔工的抱怨，一邊接了他一半的東西。眼睛隨便瞟了瞟，驚呆了。這是什麼呢？一大堆用過的紙。這些紙或者只用了一面，或者只用了一點，在一旁打掃的清潔工看到是山姆本人，也十分詫異，忙不迭要搶回他手上的東西。山姆嚴肅地說：

「你把你手上的紙都給我。」

「嗯，什麼？」

「把你手上的東西都給我。」

「啊……哦……好的，沃爾頓先生。」

看著山姆搬著沉重的「垃圾」，徑直走向辦公室，清潔工有些不解，平時的沃爾頓先生不會用如此嚴肅的表情說話。不過也沒有多想，搖搖頭，便去清理下一個部門的垃圾去了。此時的山姆內心十分糾結，他做夢也沒有想到在公司總部會發生這種事。

一刻鐘後，各個部門經理收到了緊急開會的通知。

大家困惑而又侷促不安地坐在椅子上，抬頭看著來回踱著步子的沃爾頓先生，記得當時沃爾頓先生要告訴他們，他買了一顆衛星時，也是這種表情。難道這次又買了什麼巨大奢侈的東西了嗎？大家都在心裡各自打著各自的小鼓。

看著盯著自己看的經理們，山姆終於調適好自己的心情說：「今天，發生了一件讓我無法容忍的事情。我一直以為定期地檢視營運流程的情況下，是不會發生這種事情的，但是，它確確實實地發生了。」

全體經理們徹底傻眼了，紛紛在心裡數著自己是不是犯了什麼錯被發現了，比如，與供應商講價，價格沒有降到最低；自己打破了公司的花瓶；不小心說了山姆的壞話，還是抱怨加班時間太多被告發。

山姆看著面面相覷的經理們，從桌子底下搬出剛才「攔截」下來的那一堆「垃圾」，招了招手：「你們自己過來看看。」

經理們狐疑地站起身，走向這堆「垃圾」。然後，不明就裡地望向山姆。

山姆看著他們依舊不明所以，終於壓抑不住怒火，爆發了：「我從來沒有想過在總部會發生這種浪費現象，這些紙，難道不能用了嗎？沃爾瑪公司難道富裕到可以讓你們如此糟蹋東西的地步了嗎？地方分公司，想必更是如此吧？我們的天天低價，我們的廉價理論，就是用這種浪費紙張來鞏固嗎？你們是不是帶著腦子來沃爾瑪公司的？我懷疑你們是怎麼被我招過來的？」

被一頓呵斥的經理們，頓時都傻眼了，他們沒有想到問題會出在這些紙上面，這些紙真的很便宜，便宜到如同塵埃般，不曾落入經理們的心中。他們確實也留心花出去的每一筆錢了；他們確實也簡化各種交易流程；他們也確實砍掉了很多不需要的東西與部門，並為此付出了天天加班的代價；但是，百密還是有一疏，也許他們的尺度還要更為嚴苛才對，如果沃爾瑪公司想要繼續贏下去，不錙銖必較是不行的。

於是，經理們紛紛向山姆表示抱歉，並表示願意承擔此次「浪費」的一切後果，這是一批敢於承認錯誤的高層，他們從來不懼怕發現問題。山姆看著他們的自我反省，頓時沒了火氣，瞇了瞇眼睛，擺了擺手：「沒事了，你們出去吧。如果要承擔責任，我就是最大的責任負責人。」

這次小插曲產生的影響從總部迅速向沃爾瑪各大分店蔓延，短短一週時間內，各家沃爾瑪公司開始儘量提高紙張的利用效率，並盡可能無紙辦公。後來，分析沃爾瑪公司成功學的南衛理公會大學J.C.潘尼零售菁英培訓中心的愛德華·福克斯說：「沃爾瑪公司之所以成為顧客熱烈擁護的對象，毫無疑問，是它的天天低價。然而，如果沒有天天低成本，那麼天天低價只是紙上談兵，你們不曾瞭解，山姆為了降低成本，所做出的各種事情。」

山姆在後來的採訪中說過：「沃爾瑪公司是個廉價銷售商店，如果不盡可能地降低成本，最終，它是會被淘汰的。然而，光我一個人知道這個不行；我需要讓這種觀念深入沃爾瑪全體員工的血液裡、骨髓裡，讓他們因沒有更好地降低一分錢而愧疚；因沒有盡可能降低成本而愧疚。」

在錙銖必較的山姆帶領下，沃爾瑪公司形成了天天低成本、天天低價位的良好效益循環。山姆為此高興地說：「每次我們節省一美元，就能夠在競爭力上更佔據優勢。」

麥肯錫公司諮詢顧問布拉德福特．C.詹森在他的文章中寫道：「零售業可能是最後一個你能夠找到生產率奇蹟的領域。沃爾瑪的故事跟新經濟沒什麼關係。它的生產率提升有一半是透過管理創新——提高了商店效益——而非資訊技術。」

20世紀90年代中期，競爭者開始急切地模仿沃爾瑪的革新。可是，沃爾瑪的生產率依然超越競爭者許多，並且一直致力於再提高。

第十章 歡迎「貪婪的敵人」

市場飽和滲透戰略

市場擴張的方式有很多種，或激進型，或穩妥型。趁著市場大好，在短時間內在全國遍地開花似的開分店，這是激進型；由一個本部基地為出發點，穩紮穩打，緩慢而沉穩地在全國範圍內逐步打開市場，這是穩妥型。沃爾瑪的擴張屬於後者。

沃爾瑪的本部是一個名叫班頓維爾的小鎮（美國阿肯色州北部），山姆就是以此為市場擴張的中心，接著以一個州為大單位，一個鎮為小單位，在鎮裡以大約20英里為距開設分店，而黃金地段可能100英里就會有30家分店。就這樣，當分店的數量使得該鎮的零售市場飽和時，才會接著換到下一個鎮繼續填充市場。這就是沃爾瑪所創造出來的市場飽和戰略，穩紮穩打，步步為營，雖然稍顯緩慢，但是企業基礎穩固。

說起來也很有意思，山姆之所以決定以這樣一種穩妥方式進行擴展發展，其實並沒有過多的花費精力去制定。山姆曾公開說過：「在那時，我們根本就考慮不到未來的發展，只是簡單地發現這種擴展方式十分有效，於是就堅持了下來。」對此，我們只能感嘆上帝是多麼的眷顧山姆和他的沃爾瑪！山姆就這樣帶領著他的沃爾瑪從阿肯色州一路出發，將其分店開遍了全美國，最後開遍了全世界。

這樣一種飽和的擴張策略，除了十分穩妥地奠定企業堅實基礎外，還非常有利於維護沃爾瑪在當地的市佔率，避免和排斥其他競爭對手的進入。

沃爾瑪的高層曾對這種飽和策略提出過許多的異議，因為這種策略會使得分店分佈地十分密集，而各分店之間會出現搶顧客的尷尬情形。山姆對此意見，只微微一笑說道：「親愛的，你們覺得是讓我們分店之間搶顧客好呢，還是讓凱馬特那群人來搶我們顧客好呢？」聽到這個不是答案的答案，其他人才恍然大悟的露出了會心的一笑。而我們所看到的結果就是，在一個鎮裡，沃爾瑪有著30家分店，而凱馬特只是兩三家店勉強經營著。他們只能羨慕地看著沃爾瑪的分店之間，在不尷不尬地互相爭搶顧客。我們不得不驚嘆，這種飽和擴張策略的強大排他性力量。

我們可以清楚地看到，沃爾瑪這樣一種飽和策略，給零售市場帶來了市場的壟斷。一般認為，市場壟斷會給資本家帶來高利潤，給下層人民帶來剝削。但是這一點放在沃爾瑪身上，卻沒有產生效果，反而出人意料的帶來了一種雙贏局面——沃爾瑪的營業額直線飆升，沃爾瑪的顧客購買到心儀但依然價廉的商品。這種現象又是怎麼產生的呢？

這還需要提到沃爾瑪一直所奉行的「天天低價」策略。市場的佔據，除了店鋪數量的絕對優勢之外，價格更是發揮著無與倫比的作用。尤其在零售業，雖說都是小型商品，但是很多都是日用品，是需要經常採購的。因此，顧客們也會經常地去計較價格的問題，希望購買到價廉物美的商品。

可想而知，價格往往會成為顧客選擇購物場所的首要因素。而沃爾瑪一直宣傳的「天天低價」策略，就是針對這一因素而產生的，並為沃爾瑪立下了不可磨滅的功勞。

前面我們已經說過，沃爾瑪後來的廣告宣傳與其他零售商的關注點不同，其著重強調的是「天天低價」，而不是個別商品的促銷和「露臉」而已。沃爾瑪要讓顧客們相信一點，那就是天天來沃爾瑪，天天都能享受到品質好但依然低價的商品。憑藉著這樣一種印象，再加上街上隨處可見的沃爾瑪，顧客還會有其他的購物選擇嗎？所以，密集的店鋪分佈，其實也是一種無形的廣告。

所以，沃爾瑪的市場飽和策略，是在「天天低價」策略的基礎上，逐步建立與完善起來的。在當時，也有其他的資金和實力比沃爾瑪強大很多的零售商，也希望推行這種市場飽和政策，在某地開滿店鋪。不過，他們都沒有沃爾瑪的價格優勢，最後依然只能被沃爾瑪擠出市場，闗門大吉。

「天天低價」可以說是沃爾瑪的金字招牌，而當時，沃爾瑪何以能夠在眾多零售商中間樹立起這一招牌？其秘訣就是其他零售商無法具有的成本優勢。

成本的優勢，除了我們已經提到過的資料資訊化以及宣傳的廉價化之外，就是沃爾瑪能夠與供應商緊密的合作，以此來進一步降低成本。我們曾舉過一個關於褲子的例子，這裡再使用一次。

一件褲子，如果直接從製造商那裡買，可能是1美元；如果從批發商那裡買，可能是1.2美元；如果從百貨商店買，可能就要1.5美元。而沃爾瑪的高度資訊化，使得其能夠直接架起橋樑，從製造商那裡購買到商品，這樣進價就是1美元了。如此，其成本就降低了0.2美元，約20個百分點。

沃爾瑪可以將這20個百分點中絕大部分「讓利」給顧客，也就是所說的「再減價」做法，這也就形成了其他零售商所不具備的成本優勢。當然，這裡所說的20個百分點有些誇張，真實情況是一般約有2～6％。別看這個數字不大，但是對於零售業來說，已經是不可忽視的巨大優勢了。

憑藉著這一優勢，沃爾瑪可以將商品的零售價降低3、4個百分點，與其他零售商形成鮮明對比，吸引住顧客的注意力，進一步的強化沃爾瑪「天天低價」的形象。而沃爾瑪雖然單個的利潤比不上很多的零售商，但是其賣出商品的數量則是其他零售商所羨慕不已的。就如山姆說的：

「我寧願以每件0.5美元利潤賣出三件商品，也不願意以每件1美元的利潤賣出一件商品。」

其實，根據長褲的例子來看。沃爾瑪是在以零售商的身分，做著批發商的業務。沃爾瑪不僅自己減少了採購的環節，也幫助顧客減少了購買商品所經歷的環節。這樣，沃爾瑪獲利，顧客也降低了生活成本，不言而喻，這是一種雙贏的局面。

另外，市場飽和策略也非常有利於進一步強化沃爾瑪的成本優勢，這主要體現在配貨與運輸成本的降低上。

由於沃爾瑪高度的資訊化支援，沃爾瑪擁有不同於常規倉庫的配貨中心。該配貨中心不僅要保證貨源的充足，也要求與各個店鋪進行資訊相連。這樣當某一店鋪的某商品快缺貨時，該中心能夠及時進行補貨。這就極大的節約了調配貨物的時間成本。

沃爾瑪在建設配貨中心時，還要求配貨中心與店鋪之間的距離必須要不大於一天的路程。因為這樣才能夠保證店鋪的商品能夠得到及時的補充。而與此不同的是，在當時，大多數零售商的調配和運輸貨物時間往往都會大於兩天。而顧客們更喜歡經常光顧的店鋪，當然會是長期商品充足的沃爾瑪了。

與此同時，市場飽和策略會最大限度的發揮出配貨中心的作用。因為其數量在某區域內十分密集，這就使得一個配貨中心可以覆蓋最大數量的店鋪，也就增強其服務的效率，如此也就降低了管理和運輸的成本。具體說來，沃爾瑪的運輸成本大概不到3％，而當時其他零售商則基本處於4.5％至5％。而這些差額沃爾瑪又可以「讓利」給顧客，進一步強化「天天低價」的形象。

當然，除了市場飽和策略和「天天低價」策略之外，在擴張上，沃爾瑪也會適當的利用社會事件，吸引人們的注意。1999年美國曾發生過一起舉國震驚的科倫拜恩高中槍擊案。此案發生後，該校的學生由於現場被封鎖，無法繼續上學，都被臨時轉移到了其他學校。而他們留在學校的文具用品也無法及時取出。

當地的沃爾瑪聽聞此消息後，立刻商議決定，給這些學生免費捐贈急需的文具用品，同時也請來專業心理專家給學生和家長做免費心理諮詢，幫助他們走出心理陰影。事後，沃爾瑪的企業形象在該地得到了極大的提升，人們提到沃爾瑪都是讚不絕口，其市佔率更是穩步上升。

沃爾瑪無法阻擋的行銷誘惑

在自由市場中，競爭是每個遊戲參與者所必須面對的。這裡所說的競爭，既有同行業者的產品對抗，也有與顧客的服務回饋。在當時，沃爾瑪的大部分競爭者，很大精力是專注於前者，而較為忽視後者。而沃爾瑪具有開創性和前瞻性的行銷策略則在於對後者的強烈關注。其秘訣就是創造出無法阻擋的誘惑，敞開大門歡迎「貪婪的敵人」。

誘人的蛋糕又該如何製作呢？

山姆向「敵人」們亮出了他的三種工具：

一、提供顧客溫馨而和諧的家庭購物環境；

二、陳列出豐富而低廉的日用品項以及主打品牌產品；

三、牢固地堅守「天天低價」的政策。

這三種工具，在山姆眼中是相輔相成，缺一不可的。其中，第三種是山姆最引以為傲的。私下裡，他曾說過：「沃爾瑪是低價的王國，而低價正是沃爾瑪王國的奠基石。」

圍繞著山姆所提出的三種工具，沃爾瑪開始了極具誘惑性的行銷策略。

早些時候，和現在的大部分零售商一樣，沃爾瑪把在報刊以及電視上刊登廣告作為最主要的宣傳方式。這筆廣告費用的投資，就是比哪家企業的資金雄厚，能更大面積的投放自家的低價廣告。

但是這場持久的消耗戰，通常也都是千篇一律的廣告宣傳模式，只能產生短期的促銷效果，而很難讓顧客對零售商們產生親近的感覺。為此，沃爾瑪製作出一部電視廣告片，使用了一連串當時不為人知的宣傳方式，用來展現沃爾瑪的友好的購物氛圍。

好的創意總是無所不在，和山姆大膽採用電腦類似，首先在這部電視廣告片中，沃爾瑪的行銷部人員和廣告代理商們就提出一個絕妙的提議：「職業模特兒雖然專業，但是很難給顧客親近和溫馨的感覺，既然如此，那麼我們乾脆就用我們的員工來拍廣告吧，這樣既真實也更為貼近顧客。」

山姆對這個提議表示贊同。就這樣，在該提議正式通過的幾個星期後，報刊、傳單和電視上，沃爾瑪的普通員工正式取代了職業模特兒的面孔，展現在顧客的眼前。由於廣告所要求突出的是沃爾瑪真實而溫馨的購物環境，而這些普通員工也正是按照這樣的要求，以最真實、平常的服務態度去展現，表現出沃爾瑪對顧客的友好態度和溫馨的購物環境。

顧客們對於員工的本色廣告都表示十分喜歡，很多員工都成了當地的人氣明星。當顧客們在沃爾瑪超市裡購物時，總會時不時地發現身邊走過的一位沃爾瑪員工居然就是電視明星，而驚訝地大叫一聲。這些員工總會親切地對此報之一笑。從身邊這些熟悉的員工身上，顧客們感受到了沃爾瑪的友好的誠意。

沃爾瑪的行銷部根據顧客的反應，又迅速地提出了新的廣告提議：「既然員工可以很好的擔任模特兒的角色，那麼顧客是不是也可以呢？」說做就做，沃爾瑪邀請到之前忠實的顧客來擔任廣告的模特兒，不出所料，這次廣告宣傳再一次取得了重大的成功。

在沃爾瑪購物的顧客們，在超市內會發現身邊的顧客居然也是電視明星，「這是多麼不可思議的啊！怎麼我身邊都是明星啊！」很多顧客都會發出感嘆。就這樣，沃爾瑪在顧客群中，掀起了人氣颶風，溫馨而友好的環境形象逐步地在顧客中樹立了起來。

對於沃爾瑪來說，良好的企業形象能更好地吸引到顧客的注意力。但要能更好地留住顧客，山姆認為，沃爾瑪應該在產品上下工夫，尤其是價格。

沃爾瑪的電視廣告片中，除了上面所說的，要努力營造親近顧客的購物氛圍外，還有一點是其他零售商所沒有的，那就是「天天低價」的企業標籤。零售商們千篇一律的廣告，都是只為其數百商品中部分商品做降價促銷，讓其商品給顧客留個小印象而已。

這其中很多都不是顧客所需求的，同時顧客們為了買到適合自己心理價位的商品，往往只能等待其商品能正好趕上促銷，但這總是需要很久的時間。對此，沃爾瑪在宣傳中開創性地將促銷的概念轉化為「天天低價」的理念。也就是說，在沃爾瑪，顧客天天來到這裡都能購買到低價但品質上乘的商品，而不需要再等到促銷期的到來。

廣告中，沃爾瑪不斷地強化此種理念，突出「天天低價」與促銷的不同，讓「天天低價」成為顧客心裡的一個標籤，而且還突出只有沃爾瑪才符合這個標籤。這張標籤不僅能夠很好的吸引顧客，也成為了一則免費的廣告。每當顧客「聞」到「低價」的氣味時，沃爾瑪就會立刻顯現在顧客腦海裡，並且馬上就會產生去沃爾瑪購物的衝動。因為在沃爾瑪天天都有低價。這樣，沃爾瑪又省下了一大筆廣告費，是非常划算的生意。

經濟基礎決定上層建築，好的觀念也需要物質的支援，而沃爾瑪「天天低價」理念的物質支撐就是努力的降低成本，進而將省下的錢轉移給顧客。不管是當時還是現在，零售商的單一商品的利潤其實都是很低的，其利潤主要是依靠數量的累積。因而銷量成為最大利潤實現的焦點。而在行銷的預算階段，任何一家零售商，如果總能比其他零售商少個2、3個百分點，這就是一種成本優勢。

上面我們所說的，沃爾瑪邀請員工和顧客做廣告模特兒，和努力為自己貼上「天天低價」的標籤，都為這個優勢的形成貢獻了力量。而反過來，沃爾瑪的「天天低價」理念也依靠著這樣一種優勢而得到了實現。

總之，沃爾瑪的宣傳理念就是：在這裡，顧客們可以找到他們所知曉的所有家庭日用品；在這裡，不是只有促銷才會有低價，而是天天都有低價，甚至經常還再減價；最後，在這裡，顧客還可以遇到當地人氣明星，回去時還滿載著滿意而價廉物美的商品。沃爾瑪的媒體宣傳就是要給顧客最真實的沃爾瑪。

除了這些媒體有形的宣傳以外，沃爾瑪更大的無形宣傳形式就是對於社會責任的承擔。

在美國，個人的權利十分被看重，但對於企業來說，社會責任的承擔更是一個優秀企業所必須的。

1982年，伊利諾州的馬里昂鎮發生了一場特大龍捲風，整個城鎮幾乎像是被一把瘋狂的掃帚給清掃過一樣，災後馬里昂鎮一片狼藉。

山姆和舒麥克一聽到這個消息就立刻乘飛機趕到馬里昂鎮視察。當他們站到開設在馬里昂鎮的沃爾瑪超市前時，其建築後半部分已經不見了約1/3。此時，對沃爾瑪來說，應該好好的將損毀部分重新裝修好。

但當山姆和舒麥克看到馬里昂鎮上的人，個個疲憊不堪、饑餓交困，同時鎮上物資極度匱乏時，他們轉而立刻決定只是將損毀處立一堵牆遮擋而已。接著，就發動企業在全國的力量投入到救災工作中。超市人員不夠，他們便就近從鄰鎮調來員工清理打掃；物資匱乏，就根據災後急需物資清單，迅速調來貨物。在這樣高效率而齊心的努力下，沃爾瑪在幾天內重新開門營業。

往往，災後物資由於緊缺，價格會比平時飛漲許多。但馬里昂鎮的人會告訴你，在這裡的沃爾瑪是不會出現這種情況的，反而很多日用品價格更為低廉，當然品質依然是非常好的而且數量充足。馬里昂鎮的人在沃爾瑪的幫助下，安然地度過了災後重建。

一年後，在馬里昂鎮，沃爾瑪成為了該鎮人的首選購物地，沃爾瑪的營業額也逐年飛升。顧客們用他們的行動表達了自己對沃爾瑪的感激之情。而此後，無論美國哪裡出了什麼災難，只要有沃爾瑪在，沃爾瑪人就會第一時間出現在救災現場，為重建貢獻自己的一份力量。這樣一家有社會責任感的企業，自然會受到廣大顧客的歡迎。

效率出奇，完美制勝

從20世紀60年代初期以來，山姆由經營一家小店一直發展到經營大型沃爾瑪百貨公司，山姆已經由曾經的小店老闆變成了巨富，但他並沒有因為這樣的成績而沾沾自喜。他不滿足於自己沃爾瑪的強大零售地位和銷售業績，而是進一步開發新思路，引進了行銷互補的方式，擴展整個行銷關係網絡，以最高的效率來爭取客戶，贏得更多的回頭客。

到沃爾瑪百貨公司的每個商店去巡視，是山姆一直保持的習慣。山姆相信只有這樣才能保證對連鎖店的細節加以討論和改進。他通常以最小的營運單位作為討論對象，衡量沃爾瑪公司與其他公司的單一商品績效，甚至還包括討論沃爾瑪公司的員工工資與競爭對手的員工工資狀況。

在山姆心中，想要成為一名出色的百貨公司老闆，就必須有飽滿的精力和決心，善於探索致富的方法。為此，山姆進行了很多實驗，包括如何才能買到便宜貨，如何能繞過批發商直接到生產商那裡訂貨，如何才能降低更多的成本降低商品的價格。

一旦有新店開張，山姆會馬上沉浸在尋找創意產品的好奇中，他在閣樓上製作呼啦圈，再分給附近的兩家商店出售。沒過多久，阿肯色州北部幾乎所有的小孩都人手一個呼啦圈。

早在第一家沃爾瑪零售店開業時，山姆就迅速地累積經驗。與第一次開店有所不同的是，這次的創業是在穩中求進，既講究效率，也講究商品的價格和品質。兩年之後，店鋪慢慢步入正軌，山姆有計畫地一步步把店鋪擴大。

山姆回憶在拉斯金高地開購物中心的時候，自信與野心就毫無保留地顯現出來。山姆能感受到雜貨店的局限性，因為每一家店的規模都很小，無法在眾多雜貨店中脫穎而出，於是便有了成立購物中心的設想。

隨後，山姆在競爭對手毫無意料的情況下，迅速成立一家超大型的「家庭購物中心」，店鋪的面積將近1800平方米，比其他店鋪大6倍。大型購物中心獲得的效果也是顯著的，該中心營業的第一年就達到200萬美元的營業額。

隨著時間的流逝，山姆的事業穩紮穩打地進行著。他和他的高級經理們用飛機來提高穿梭各個分店的效率，他們的舉動堪稱是最早讓古老的雜貨店零售行業與現代交通工具相結合的案例。

為了迎合更多顧客的需求，山姆需要更加詳細地瞭解市場脈動。他要求對顧客購買的商品數量、類別、購物時間和購物頻率都有一個資料統計。於是沃爾瑪商店內設立了購買資料輸入器和顧客意見表，並派專人對這些資料和意見做整理和分析，及時瞭解顧客的需求變化。

一項卓有成效的調查成果發生在20世紀80年代。當時人們普遍發現顧客的群體家庭逐漸變為兒女自立的小門小戶。那些跟隨父母居住的家庭子女長大之後都紛紛獨立，需要購買獨立居住的生活必需品，例如家電和廚具。緊接著，沃爾瑪展開了應對市場需求的變化，他們在店內增加了家庭日用品和廚具的種類，開展各種促銷活動，以供這些建立新家的顧客需求。

山姆在嘗到新技術帶給公司的甜頭後，在對新技術設備的購置上總是出手大方。在吸納新的經營理念和創意的同時，組織公司迅速跟上時代的步伐，利用新技術為自身發展服務。

據報導稱，沃爾瑪總部可以透過全球網路，在1小時內盤點全球4000多家分店的庫存數量和銷售數量，以超高的效率來調整公司的經營管理。

正如加州大學歷史系教授尼爾森．里奇頓斯坦說：「沃爾瑪已是一家『樣板公司』，其規模和經營範圍為整個商業世界設定了標準。」如果這些標準得不到快速更新，就會有落後的危險，沃爾瑪當然不想落伍，他們一直走在規模和效率的前沿。

高效能「小分隊」計畫

高效，這個詞彙對於人們來說具有不可阻擋的魔力。山姆帶領整個沃爾瑪公司在效率方面做了很多探討。毫不懷疑，高效的運作和管理的方式可以給一個企業、一個行業帶來令人耳目一新的大變化。高效意味著競爭力，高效對於沃爾瑪同樣有著巨大的吸引力。

沃爾瑪的銷售額以及營業收入一直都在穩步的上升，企業的發展也沒有什麼很大的動盪。但是從沃爾瑪營業資料來看，穩定的資料曲線會在某一段時間突然飆升，此時就是說明，沃爾瑪的人又在不安分地搞創新了。

我們都清楚地知道，沃爾瑪的核心理念是「天天低價」，該理論的基礎就是沃爾瑪遠遠領先於其他零售商的成本價格優勢。高度的資訊化、高度的店鋪集中、完善的配貨及運輸方式，使得沃爾瑪能一直保持這一優勢。但山姆卻並不滿足於這些手段給沃爾瑪所帶來的好處。他無時無刻不在思索，思索能否再找出什麼新的管理方式，使沃爾瑪的成本優勢更為明顯。他很自然地將目光集中到了沃爾瑪的那數萬家供應商身上。

由於所銷售的商品種類繁多，沃爾瑪有著數不清的供應商。沃爾瑪與這些供應商之間的關係很簡單，跟其他零售商與供應商一樣，兩者談好價格，零售商發出請貨通知，供應商發貨，零售商收貨後，統一跟供應商結帳。這種買賣關係，簡單明瞭。山姆這個不安穩的傢伙，卻不停地思考這種關係。他覺得這種關係雖然簡單明瞭，但是應該還有繼續進步的空間。

這個問題在現在的人看來，會覺得很可笑。因為做生意本來清清楚楚最為恰當，簡單明瞭也比較省事，還有什麼好改進的。山姆卻在長時間的思考和考察後提出：這種簡單的關係背後，其實有許多我們自己不經意間所建構出來的「屏障」。

零售商和供應商是兩家完全不相統屬的企業，二者從人員的組成到經營的方式都各不相似，唯一的共同之處就在於對利益的追求。這樣涇渭分明的差異性，往往會使兩者在合作中依然潛藏絲絲不顯的敵意，彷彿各自都有著不能為對方所知的商業秘密，潛意識裡會不經意地提防對方。舉一個形象的例子，明明一份很普通的文件資料，兩方在交流時都會下意識地放好，不到最後關頭不給對方看。

這樣的敵意就在零售商和供應商之間形成了「屏障」，使得供應商和零售商之間，只能保持一種看似簡單但卻毫無緊密聯繫的關係，讓兩者都無法達到盈利的最大化。

山姆認為，要更好的促進沃爾瑪未來的發展，很有必要主動打破這種橫亙在沃爾瑪與供應商之間的屏障，更深層次地發展和供應商之間的夥伴關係。進而與其產生更緊密的聯繫，更多地分享兩者所擁有的資訊，幫助對方找到從前不清晰而效能低下的環節，為雙方未來進一步的發展提供更多和更好的機會。

順著山姆的這一獨到見解，沃爾瑪提出了一項新的計畫：高效能小分隊計畫。真正的發明者在歷史的長河中，其實往往會被人忽略，而繼承者反而被人稱頌。高效能小分隊的計畫的肇始者是誰，已經說不清到底是山姆還是其他人了。但是，這已經成為了沃爾瑪一個不可或缺的標籤，這也一定程度上說明了沃爾瑪的成功之道。

高效能小分隊計畫，簡單說來就是沃爾瑪與供應商之間建立起一種特殊的夥伴關係。這種夥伴關係要求雙方之間具有最大程度的信任，而不再只是停留於過去的那種簡單買賣的合作層面。

實施這個計畫最為重要的措施就是，讓供應商在沃爾瑪的本部班頓維爾建立一個專門的小分隊。這個小分隊其實就是一個專門的辦公室，這裡的人員不直接參與沃爾瑪與供應商的日常交易，他們唯一的職責就是對其供應商和沃爾瑪進行細緻地調查。

這些調查覆蓋整個流程，包括從供應商購買原料進行生產，到沃爾瑪的採購行銷出售，最終到顧客們回到家滿意地享用商品。透過調查所得的資料，專心地分析和研究其供應商與沃爾瑪之間所存在的效能低下的環節，最終制定出改善的方案和計畫，從而幫助雙方打破之前存在的屏障，進而節省成本，增強盈利的能力。

高效能小分隊計畫，給供應商和沃爾瑪之間帶來了許多重要的改變。該計畫開展之後，在商品的運輸上，沃爾瑪和供應商就發現有很大改進與合作的空間。在貨物的運輸上，沃爾瑪和供應商都有自己獨立車隊負責貨物的調配。在運輸的來回過程中，某一方往往會因為各種原因，有的車是裝不滿貨物甚至是空車來回跑。另外，沃爾瑪與供應商的運輸路線有很多恰好重合，這樣就給進一步合作提供了條件。在遇到空車來回的情況時，沃爾瑪或供應商可以使用對方的空車隊來運輸貨物，這樣便能節省一大筆運輸費用，使得車隊的作用能得到最大的發揮。

往常供應商為了自己的運輸方便，總是採用大數量的包裝。這雖然方便了供應商，但對於沃爾瑪而言，由於有的店鋪對商品的需求量不是很大，所以總是造成其收到貨物後必須拆開包裝取出小部分的貨物，然後再重新包裝起來運到其他店鋪。這樣既浪費時間，也浪費了一筆拆裝費。經過小分隊的調查與發現，供應商採用了新的小包裝，這樣就可以任意組合進行靈活採購，也不用再浪費時間和金錢去拆裝了，可謂一舉兩得。

這些改變雖然看起來只是很小的節省，大約在1.5％——2％之間。但是，考慮到時間的累積，以及銷售額的不斷增長，這也是一大筆不容忽視的費用。

此外，還有許許多多對雙方都獲益匪淺的改變。如莎莉公司從歐洲給沃爾瑪帶回來的貨盤排放法等等，都為沃爾瑪在成本的節省方面，做出了十分有益的貢獻。而這些節省下來的成本，沃爾瑪很大一部分都讓給供應商和顧客。讓利給供應商，是希望鼓勵他們更多地重視高效能小分隊的發展。讓利給顧客，則是為了強化沃爾瑪的「天天低價」的重要理念，同時也幫助顧客提高生活的水準。

如今，除了寶潔公司和莎莉公司以外，已經有很多大的供應商，在班頓維爾開設了這樣的小分隊，來為其企業和沃爾瑪服務。而與此同時，很多小的供應商也在這項高效能小分隊計畫中，得到了巨大的扶助與發展。這也是沃爾瑪所樂於見到的。

中小規模的供應商，沒有大企業所擁有的豐富產品與雄厚資金。與此同時，他們也沒有能力去建構完善的資訊網路與運輸線路。但沃爾瑪卻擁有這一切，而沃爾瑪作為一個有社會責任感的企業，它十分高興能夠幫助這些中小供應商們，打開產品的銷路。

他們沒有完善的資訊網路，沃爾瑪可以將其豐富的資訊資料進行分享，幫助他們找到商品銷售的最佳地點。沒有運輸網路，沃爾瑪也可以將自己的車隊，調配出一部分閒置供其使用。這樣一些舉措，極大的幫助了中小企業的壯大，而很多這樣的供應商，只願意留在美國發展，也不去全球其他地方做國際貿易，只因為，那裡沒有沃爾瑪！

一個優秀的企業是既要能保證自身利益，同時也能照顧到其他各方的利益，實現整個商務產業鏈的共贏，促進整個行業的發展。沃爾瑪的業績不斷飆紅，其實並不是說山姆這個人很聰明，而是代表了顧客以及供應商們對沃爾瑪的認同。

第十一章 雜貨俱樂部

天天低價的致命吸引力

有一次山姆在聖達戈馬里諾大街一家很大的普萊斯批發俱樂部內，像以往一樣，隨身帶著小錄音機並對價格和商品零售的構想進行記錄。普萊斯公司的老闆名叫索爾·普萊斯，是一個十分具有生意頭腦的人。

正當山姆興奮地埋頭記錄時，一個高大的傢伙走過來對他說：「對不起，我必須拿走你的錄音機並把你所錄的內容刪掉。我們規定不能在店內使用錄音機。」當然，山姆很清楚這一點，因為沃爾瑪公司也有同樣的規定。此時，他平靜而鎮定地回答道：「我尊重你們的規定。但這捲錄音帶裡還有我在其他商店收集的情報，我不想將它刪掉，讓我寫張條子給羅伯特·普萊斯（索爾·普萊斯的兒子）。」

於是，那個人很快給山姆拿來了紙筆，他在上面這樣寫道：「羅伯特，你的員工太出色了。我用錄音機錄下了一些你們這裡的商品情況以及我對你們商店的一些印象，結果他發現了我。我交出錄音帶，如果你想聽，你當然有此權利，但我希望上面的一些其他資料能還給我。」

大約4天後，山姆從羅伯特那裡收到一張措辭親切的便條以及那捲被沒收的錄音帶，裡面的內容完好無損，這種做法讓山姆感激不盡。

其實，要成為一家優秀的企業，自身必須擁有能夠不斷創新的能力，而除了不斷自我創新外，還需要學會向其他人學習好的創意。對於沃爾瑪，我們已無法否認其創新能力的強悍一面，但我們也不能忽視沃爾瑪那虛心學習他人創意的一面。

如今，沃爾瑪擁有的雜貨俱樂部，可以說是美國零售業中一道亮麗的風景。人們常常會提起，並讚不絕口。可是誰又曾知道，這個絕妙的idea是當年山姆從對手那裡「盜竊」而來的。

1982年，山姆奔赴加利福尼亞州南部去參加一個零售商大會。恰好，山姆的好友索爾．普萊斯也出席了這次大會。索爾是一個相當有想法的人，對於銷售有自己獨到的想法。其中最值得注意的就是，1976年他創建了普萊斯批發俱樂部。

該俱樂部使用一種以批發價來零售的模式，這種模式要求顧客先購買會員卡並繳納年費，然後就可以在該俱樂部內，以批發價任意購買商品。其獨到之處在於，該俱樂部相當於一座倉庫式的大型專業化超市，就算是普通的顧客，只要購買會員卡繳納年費，都可以沒有限制的進行消費。這種銷售模式是從前其他零售商從未見到過和想到過的，沒幾年的工夫，就在零售商中間引起許多議論。

而山姆趁著這次大會的閒暇，攜妻海倫一起去拜訪索爾，在餐桌上就簡單地交流了一下普萊斯批發俱樂部的一些細節。而當索爾非常自豪地和山姆談論著這個以他的名字命名的俱樂部時，他不知道，山姆已經決定要「複製」出一個相類似的俱樂部。

會後，山姆回到沃爾瑪的本部，立刻帶領自己的團隊前往普萊斯批發俱樂部參觀考察。其實，山姆可以立刻在任何一個地方開一家所謂的批發俱樂部。但是，山姆總是習慣在做最後決策前親自去考察一下。同樣的，普萊斯作為沃爾瑪未來的競爭對手，山姆還是要求沃爾瑪的決策者們能養成細心觀察對手的習慣。

來到普萊斯批發俱樂部門前，山姆一行人覺得這只是一個大一點的倉庫，外觀非常破舊，而且附近也沒有多少方便顧客停車的地方，看不到任何店面或窗口進行銷售。這跟零售店完全不一樣，最起碼，在購物場所的外觀上，兩者並沒有讓人感到一點相似。

進入到這個「倉庫」裡面，更是加強了山姆對這座「倉庫」的印象——又黑又暗——地面不是舒適的木地板，而是普通的硬邦邦的水泥地。天花板和四周的牆壁更是殘破不堪，有的地方連裡面的鋼筋都清晰可見。貨架上所陳列的商品的種類數量，大概也只能跟一個小型零售店相近。但令山姆印象深刻的是，與建築的殘破形成鮮明對比，數百名員工在這個店來來回回地拖運著貨物，一副十分忙碌的樣子；眾多顧客在隨意的選購和等待商品，臉上也盡是興奮的笑容，總之，非常熱鬧。

這種強烈的對比，唯一的原因就是無比誘人的低價。

「低價」這個詞深深刺激到了山姆。要知道，沃爾瑪的經營理念就是主打「天天低價」。普萊斯俱樂部唯一的誘惑也是「低價」，如果沃爾瑪能夠透過普萊斯俱樂部這種模式將沃爾瑪的低價優勢進一步放大，那將會給沃爾瑪公司帶來巨大的利益。一想到這裡，山姆也來不及繼續考察了，立刻趕回班頓維爾的辦公室，對開設類似的俱樂部的計畫進行了一連串討論，正式決定開一家俱樂部試試。

在這些討論中，山姆又發現這種俱樂部的開設，對於沃爾瑪的市場擴張也能夠產生十分重要的影響。

之前，沃爾瑪只在小鎮開設分店，而不主動進入大城市，和比沃爾瑪更有實力的零售商爭搶市場。一方面是由於當時沃爾瑪的企業還不夠大，另一方面也是一種經營策略導致的結果。因為小鎮的人對於低價更有興趣，同時，沃爾瑪在小鎮也更具有實力。

這一批發俱樂部的模式，因為採取的是與其他普通的零售店所不同的銷售方式。他們銷售的對象雖有一定重合，但不會衝突。更為重要的還是，憑藉沃爾瑪的價格優勢，該模式幫助沃爾瑪在大城市的零售市場裡攻城掠地。這既為後來的沃爾瑪商店在大城市裡累積經驗，也在一定程度上為沃爾瑪打出了知名度。

這樣，沒過多久，1983 年山姆在奧克拉荷馬州的奧克拉荷馬市租下了一棟舊大樓，對其進行了一定的裝修，以「山姆俱樂部」為名，照抄不誤地使用普萊斯俱樂部的經營模式，開始了整個俱樂部的計畫。

對於該計畫的管理者，山姆並沒有重新聘請專業人士，也沒有直接任用公司內業績十分優秀的人才。因為山姆希望山姆俱樂部與沃爾瑪能擁有自己獨特的企業文化，所以他直接將一批沃爾瑪公司內工作努力但成績平平的職員，大膽地分出並提拔到該計畫的管理層。其中一個叫羅布．沃斯的，被公司的人看作是非常不正常、別有用心的搗蛋鬼。不過，山姆卻不這麼認為，反而在羅布的背後大力支持其管理，真正地做到用人不疑。

羅布也沒有辜負山姆對他的信任，在經歷初期的一些小問題後，山姆俱樂部迅速步入發展的軌道。很快的，就從開始的只擁有兩三個客戶的小規模，擴大到在堪薩斯市、達拉斯和休士頓都開設了分店。自此，山姆俱樂部也基本在美國的零售市場站穩了腳跟，沃爾瑪也憑此開始進軍大城市市場。

沃爾瑪和山姆俱樂部在接下來的時間裡，穩步地發展著。但山姆是一個不喜歡安穩的人，他總是積極地尋求發展的變化。最為重要的變革就是對於當時的總經理傑克．休梅克與財務主管大衛·格拉斯的職務調換。

傑克能力出眾，沃爾瑪最近幾年穩定的發展很大程度上是其努力的結果，但有時對下屬管理較為嚴格；而大衛相較於傑克，就顯得較為溫和。山姆在仔細考察（山姆一直保持著考察的好習慣）兩人的能力後，覺得兩人的職務可以互相調換一下，看看能否給企業帶來一些新的管理元素。

和兩人經過一番溝通後，大衛與傑克的職務進行了更換。而隨後沃爾瑪的發展狀況也證明了山姆的獨到眼光。在山姆俱樂部的發展上，大衛也付出了很大的努力。其中最大的貢獻就是其堅持讓俱樂部的經營立足於推銷，這樣做是讓俱樂部的顧客們能夠擁有一座能夠隨時購買到商品的倉庫，同時所享受到的價格與大公司一樣。大衛逐步樹立了一個經營目標，那就是：用最好的服務和最價廉物美的商品服務於會員，以此來提高他們的經營能力和生活水準。

這一點透露出沃爾瑪公司的另一個經營理念：輔助弱者。山姆俱樂部讓小型的零售商享受到以前只有大公司才擁有的優惠價格，這樣就極大地幫助他們降低了經營的價格成本，為他們以後的發展累積了優勢。而山姆俱樂部的會員們也確實從中獲得了極大的實惠，紛紛表達了對沃爾瑪公司的感謝。

十多年過去了，沃爾瑪的山姆俱樂部成為了美國著名的雜貨俱樂部。在這裡會員們體驗到了迅捷而高效的服務，也享受到低廉的價格。

如今，這道風景線依然亮麗。這一切都源於山姆的不滿足，他清醒地知道：「在自由市場，挑戰者和競爭者無時不在，而要一直保持行業領先的地位，沃爾瑪就需要不斷的創新與學習。將自身的和敵人的優勢都集中和放大，這樣才能保證企業不斷前進。」山姆會員店在這種不安分的狀況中繼續前進，他們以低價作為「代價」，但獲得的是更多的信任和更大的利潤。

「慶祝每一次成功」的股東大會

1970年10月1日，山姆籌備已久的上市計畫終於在這一天達成。沃爾瑪公司總共發行30萬股，每股面值為5美元，溢價發行每股16.5美元。雖然市場反應非常不錯，但是林林總總只有800位股民。這些股民中絕大多數都是山姆的朋友以及山姆公司的內部員工。

在這一年的零售雜誌《廉價零售商》上，總共羅列了70家大型零售連鎖商店，位列首位的是赫赫有名的凱馬特公司。凱馬特公司在這一年的銷售額達到了20億美元，是沃爾瑪公司銷售額的45倍。因此，像沃爾瑪公司這樣的小角色根本入不了凱馬特公司的法眼，自然也上不了《廉價零售店》的排行榜。剛上市的沃爾瑪公司只是零售業雷達上的一個微不足道的小點。

山姆不願意大量兜售自己的股票，在他看來，那些股票是沃爾頓家族財富的主要來源，如果大量出售沃爾瑪公司的股票會造成家族分裂。因此，儘管沃爾瑪的股票在市場上僅僅是冰山一角，家族持有者們也不願意出售過多股票來擴大市場佔有率。

有人曾經帶著戲謔的口吻對山姆說：「現在市場競爭那麼激烈，你一大把年紀了，為什麼還要那麼勞累的工作，你有那麼多股票，僅僅是股息和分紅的錢就是一大筆，完全可以過著清閒而富有的生活。或者，你完全可以把股票賣出去，賣給凱馬特公司或者賣給其他連鎖公司，即使你現在做得再好，終究有一天你也會退休的。」

對樂於工作的山姆來說，這些打擊的語言產生不了任何作用。他希望沃爾瑪公司能在他手中不斷發展壯大，並且一代一代地經營下去。而這次發行的增資股票其實僅僅是為了替公司償還債務。這次上市為公司贏得了大約460萬美元，沃爾頓家族所佔的股份比重是61％，山姆所佔的股份市值將近1500萬美元。

儘管以華爾街的標準來說，這點資金完全微不足道，但是對山姆而言，這筆錢能替他償清所有的債務。從此，無債一身輕的山姆開始進行真正的市場擴張。短短兩年時間，沃爾瑪的擴張之路一發不可收拾，商店的總數量遍佈全美各大地區。

1971年，沃爾瑪公司由原來的37家連鎖商店增加到51家，店鋪的範圍包括密蘇里州、阿肯色州、奧克拉荷馬州、堪薩斯州和路易斯安那州五個州。一年多以後，又有四家大型的分店開業。在一年之內的銷售額增長了77%，總銷售額將近1億美元。公司的利潤也由同期48.2萬美元上升為291萬美元，是五年前的5倍。

通常很多公司每年都會召開股東大會，並且把公司的財務狀況、營運情況以及公司後期發展潛力的預測都報告給大股東，以這種方式來贏得股東們投資的信心和支持。有些公司甚至還專門舉行研討會，邀請那些名聲赫赫的股票分析專家共同參與，以顯示股東大會的權威和合理性。

沃爾瑪公司每年也召開股東大會，但是沃爾瑪公司的股東大會更加獨特。正如山姆的宣言那樣，沃爾瑪公司要「慶祝每一次成功」。因此，每年山姆都把大會當作一樁轟轟烈烈的大事來籌備，就像是每個沃爾瑪股東必過的節日。

為了鼓勵股東們都來參加大會，沃爾瑪公司通常把大會定在週末召開。不管是什麼地方的，山姆都會預先告知，並發送邀請函，盡可能地邀請所有股東前往。那些居住較遠的股東常常會經歷一場熱情的機場歡迎會，山姆會親自為他們舉辦會後的嘉年華活動。例如，山姆會召集大家舉辦盛大的篝火晚會，讓股東們在大會之餘能放鬆心情，以表示自己對股東們的重視。

召開股東大會是為了獲得股東們的信任，希望他們投入更多的資金。單單從財務報表和投入預期，來估算公司的發展前途只是吸引投資的一種途徑。另一種途徑在山姆看來是最重要的方式，就是讓這些股東和銀行家們與沃爾瑪公司經理接觸。沃爾瑪公司各個部門的經理都是從基層做起，一步一步地學習鍛鍊才獲得現在的高職位。他們深知公司的企業文化和行銷方式，有良好的溝通能力，讓他們多與投資人和股東們談論，深入地瞭解沃爾瑪公司情況，能更好地傳達沃爾瑪公司的理念。

有了投入，回報自然是豐厚的。從著名的《財富》雜誌統計的成果就可以看出來。在1978年到1988年這十年間，工業公司與服務公司對投資者回報排名前10位分別是：

第一位　哈斯布羅公司

第二位　The Limited

第三位　沃爾瑪

第四位　Affiliated

第五位　遠端通訊

第六位　巨人食品公司

第七位　玩具「R」美國公司

第八位　馬里昂實驗室

第九位　StateStreet Boston Corp

第十位　波克夏‧哈薩威公司

沃爾瑪公司投資的回報率進入前三名，為公司贏得了相當可觀的資金，也為投資人創下了超高的收益。

從沃爾瑪公司上市，到之後的15年裡，沃爾瑪公司的市場價值已經上升了幾百倍，由原來的1.35億美元，變成後來的500億美元。如此成績使得那些在公司上市時持有股票的股東們在後來都成了千萬富翁。

大小通吃的市場策略

在資本市場，投資者就像是叢林裡四處奔波的獵人，他們總是在尋覓獵物。很多獵人目光銳利，能夠滿載而歸，同時，也會有獵人運氣不佳，空手而歸甚至輸得傾家蕩產。這種兩極分化的現象，讓投資者們對資本市場既愛又恨。這也使得獵人在打獵時總習慣保持謹慎的態度。

對於一個企業來說，發展的過程中有時需要一定的投資來幫助企業壯大。因此，企業往往會扮演一位垂釣者的角色，而投資者就是河裡謹慎地尋覓食物的「大魚」。企業為了發展，會投下誘惑的「魚餌」去吸引「大魚」上鉤。

現在來看，毫無疑問，沃爾瑪是一個十分優秀的垂釣者。沃爾瑪的市場戰略，就像是一份份無比誘惑的「魚餌」，吸引「大魚」來投資。其優秀的投資回報率，更使得眾多的投資者們對沃爾瑪趨之若鶩，心甘情願地將自己的資金投入到沃爾瑪的發展中。這是何等神奇的魔力，令許多其他的零售商羨慕與費解。讓我們來看看沃爾瑪的一項名叫「鄰家鋪子」的計畫。

鄰家鋪子是一個十分形象的叫法，沃爾瑪對外宣傳稱，鄰家鋪子是作為沃爾瑪超市與山姆倉儲店的補充而特別建立的。早期，沃爾瑪開設分店的策略是崇尚市場飽和且集中小城鎮。其超市主要集中服務於相對偏僻的地區，並不主動去參與大城市市場的競爭，其競爭對象當然是小城鎮的獨立零售商。

山姆倉儲點，作為俱樂部的形式，主要針對穩定的中小型零售商，是沃爾瑪進軍大城市市場初步佈局的重要一步棋。鄰家鋪子則是作為沃爾瑪超市的輔助，進一步填充各個沃爾瑪超市之間的空白地段。這可以從鄰家鋪子的開設地點看出一些端倪，我們可以從其分佈看到，在美國地圖上，其出現的地點基本都處於沃爾瑪超市的商業服務圈的附近，或內或外。這樣看來鄰家鋪子十分像沃爾瑪超市的一個助手，用來增強沃爾瑪超市的服務覆蓋區。

他們所針對的對手，是那些傳統的獨立零售商。菲利普（沃爾瑪的發言人）就鄰家鋪子對外說過：「我不想承認鄰家鋪子是便利店，但它確實就是便利店。」就這句話的表面意思來看，鄰家鋪子的確像是一種不同於傳統意義的便利店。

緊接著沃爾瑪對鄰家鋪子所銷售的商品進行一個簡單地描述後，使得很多獨立的百貨零售商和其他連鎖大賣場嚇了一跳。沃爾瑪是這樣描述鄰家鋪子的：「其所銷售的商品是相當豐富的，主要是大部分的日用百貨，以及麵包店、文具店，甚至專門的銀行提款機都有可能會出現在鄰家鋪子裡。」透過這段描述，實在很難令人相信鄰家鋪子只是一個便利店。

從出現的具體地點，鄰家鋪子使得其他競爭者倍感壓力。每年，都會有很多的小型連鎖企業倒閉，其遺留下的店址，往往就成為了鄰家鋪子的首選開設地點。

很多競爭者覺得沃爾瑪這樣的佈局不可思議，因為，在他們眼中，原先倒閉關門的那些小型連鎖企業，很多都是處於沃爾瑪超市的服務包圍圈之內。他們都是在沃爾瑪超市開到這裡後才被擠出去的，而鄰家鋪子卻依然開在這些地方，這不是在跟沃爾瑪自己搶生意嗎？沃爾瑪下的棋是越來越令人莫名其妙了。

但是山姆並不這麼認為。據沃爾瑪的研究調查報告，他們發現原先那些倒閉的小型連鎖企業，雖然是在一定程度上受到了沃爾瑪超市的影響，使得生意有所下滑，但是真正的致命原因，卻是來源於他們自身。

這些小型連鎖企業的規模較小，資金不足，是成為他們阻礙自身發展的最大問題。為了搶在其他大型零售商來之前佔領最大的市佔率，這些小型連鎖企業的選址都是很有市場價值的。所以他們所遺留下來的市場資源依然十分豐厚，很有進一步開發的餘地。雖然沃爾瑪的超市可以填充這些市場，但未免有些大材小用，所以鄰家鋪子作為超市的輔助，就被沃爾瑪給創造了出來。

之前，沃爾瑪只有超市的時候，其在小城鎮的發展策略是儘量多的開設分店，這確實很有效地幫助沃爾瑪佔據了當地的零售業市場。但畢竟超市是一種比較大的零售業形式，店與店之間，依然存在著許多的市場空白。就像我們往一個瓶子裡裝大的鵝卵石，裝著裝著，最後貌似是裝滿了，但是我們再裝更細小的鵝卵石，卻發現依然還有很大的空間。

在鵝卵石貌似裝滿後，我們卻還可以繼續裝沙子，更加徹底的將瓶子裝滿。鄰家鋪子就像是那些細小鵝卵石跟沙子，是沃爾瑪用來填充超市所無法顧全到的那一部分市場佔有率的重要工具，可以進一步的完善沃爾瑪所奉行的市場飽和策略。

鄰家鋪子會不會走上它所在店址的上一位主人的結局呢？這個問題，有很多人問，但是鄰家鋪子背後是沃爾瑪，原先那些小型連鎖企業所面臨的問題在鄰家鋪子面前都不是問題。要資金，沃爾瑪的資金流一直都很充裕；要管理，沃爾瑪的管理團隊能力也是令人十分仰慕的。更為重要的是，鄰家鋪子擁有前者所不具備的優勢，如價格優勢和沃爾瑪的品牌優勢。這些都是鄰家鋪子立足的資本所在。

接下來有另一個問題，鄰家鋪子的開設，會不會如一些競爭者所想的那樣會造成和沃爾瑪超市搶生意的情況出現呢？對此問題，山姆自信地表示從沒有過擔心，因為他明白沃爾瑪並不是全能的企業，做不好每一件事，也不可能滿足每一群人。

當然，這個世界上也不會存在全能的企業，在沃爾瑪的眼裡，市場佔有率是最大的利益所在。憑藉著巨大的市場佔有率，沃爾瑪才能大量的銷售產品，進而以數量來換取巨額的利潤。所以，鄰家鋪子的開設可能會搶奪了沃爾瑪超市的生意，但是它卻幫助沃爾瑪搶佔了其所在地的更大的市場，並且還有效的組織了其他競爭者的進入，這對於沃爾瑪來說，是一筆很划算的生意。

在超市和鄰家鋪子的戰略定位上，山姆有著自己的考慮與安排。這兩種店鋪都是主打「天天低價」牌，但是其形態畢竟不同，其具體所針對的市場和群眾也有一定差異。

首先沃爾瑪超市開在人流較為集中的黃金地帶，其服務的群眾幾乎是整個城鎮的人，提供的是一站式的購物享受。而鄰家鋪子，顧名思義，很多都是開在較為偏郊區的居民點和旅遊點，其服務的群眾是有針對性的，提供的也是便利的購物享受。

舉個例子來說，超市的規模較大，其所陳列的貨物也是豐富而齊全的，就算賣的是一些很一般的商品，超市裡也需要有一定的存量。而鄰家鋪子則不用如此，其較小的規模，決定了其陳列的貨物不會很齊全，但是都很有針對性。

例如，如果鄰家鋪子出現在海灘附近，那麼貨架上出現的就是豐富的游泳設備，而沃爾瑪超市當然也會有，但遠沒有鄰家鋪子豐富而多。所以，鄰家鋪子更接近於專業小超市形態的便利店。這也與沃爾瑪超市有一個較大的區分，兩者經常是互相補充與促進，而很少出現互相競爭的情況。

所以，在美國的地圖上，我們可以看到數千家的沃爾瑪超市和數十家的鄰家鋪子將美國的零售市場錦羅密佈的連接了起來。沃爾瑪透過超市與鄰家鋪子，牢牢地將龐大的市場掌握在手中。其市場擴張的戰略佈局，進一步清晰而堅實。

很多人都認為沃爾瑪的成功，很大程度是依靠其創造性和低價手段，但敏銳的投資者往往就不這樣認為。他們看到的是他們投資的未來效益，而未來效益的實現就需要其所投資的企業，要有很清晰而扎實有效的市場擴張戰略，這樣才能保證投資的效果。

沃爾瑪憑藉著優秀的組織與管理能力，在山姆的帶領下，扎實而有效的針對具體的市場狀況來制定有效的擴張戰略，佔據龐大的市場，其走向成功的步伐是如此的穩健。這樣成功的企業，「大魚」自然會主動上鉤。

零售與供應商相互依存

所有的商業活動，都是在尋找和創造需求，並從中獲得收益。有需求，當然最好，找到這種需求，並直接簡單的去填充、滿足它。當沒有需求時，我們就要去積極地創造需求，拓寬需求市場，甚至一手掌控，成為市場規則的制定者。

美國通用汽車公司的總裁曾對美國國會說過這麼一句現在看來十分傲慢的話：「對美國有好處的，就是對通用有好處的；反過來也一樣。」這句話說得十分率直，但也表明了通用汽車公司對美國的重大影響力，尤其是對汽車工業的發展。在零售業，沃爾瑪在這方面的影響力，其實並不亞於通用。

現在，我們走進任何一家商店，很自然地會去尋找需要商品，而不需要員工的幫忙。這就是現在很普通的自助式零售。但是事實上，如今看來習以為常的銷售方式，在100多年前卻是一件十分新奇的事。

1916年克拉倫斯．桑德斯在孟菲斯市開設了第一家真正意義上的自助式商店（開放式貨架）。在此之前，美國幾乎所有的商店都是需要顧客告知店員需要什麼後，再由店員幫你拿取商品。甚至有的商品其價格也並不是固定的，往往需要和店員進行一番討價還價，才能以一個滿意的價格買到商品。

這種購物方式在剛出現時，還曾遭受到許多非議，很多人覺得要顧客自己動手買東西，是很不尊重的行為。但自助式的銷售方式，以其與眾不同的購物體驗，給予了顧客更大的方便性。其低成本與低價格的優點，更是帶動了20世紀全球零售業的巨大發展。沃爾瑪正是緊緊抓住人們對於自助式零售的低價特點，創造和開展了以「天天低價」為核心的聯想行銷。

現在，一個顧客走進沃爾瑪超市，對於所看到的商品，第一反應就是低價。而這樣的反應之所以會產生，就在於沃爾瑪給商品的標價，往往會低於該商品在其他地方的標價。與此同時，沃爾瑪超市內陳列的豐富產品，也會進一步加強某產品的低價概念。如一臺夏普的電視機，在其專賣店，售價可能要299美元，但在沃爾瑪標價只要259美元。

同時，沃爾瑪的超市裡還會陳列其他品牌的電視機，它們的標價可能會是269美元、289美元和309美元。這樣直觀的固定標價與其他產品的對比，都會讓沃爾瑪的顧客對夏普的這臺電視機的價格產生一種認識，那就是這臺電視其實就值259美元。當然，只有去沃爾瑪才買得到。

事實就是如此，沃爾瑪以低價的標籤推動了自助式零售的發展。反過來，自助式零售也使得沃爾瑪的聯想行銷策略得到了很好的實行。顧客透過沃爾瑪的這種行銷，同時也改變了購物的習慣。以往去專賣店購買商品，是只有店員才能拿貨，同時也由店員給顧客詳細講解產品的優劣及功能等問題，再花費時間和店員討論價格。

進入沃爾瑪之後，一切都簡單化和高效化，顧客自己任意拿取商品，透過說明以及明確的價格來選擇自己所需求的商品。原來購物所花費的時間和金錢，在沃爾瑪超市裡都得到了節省。

但是對於供應商來說，沃爾瑪的聯想行銷，雖然有很大利益，但是弊處也不少。首先，顧客以一種固定的觀念認為，商品低價意味著品質一般。沃爾瑪給顧客的標籤是「天天低價」，可以說這已經牢牢佔據了顧客們的腦子，使得顧客對擺放在沃爾瑪的商品也貼上了一個標籤，那就是品質一般。

如果顧客手頭上的資金充裕，同時又希望追求高品質的享受，他們的首選地肯定不會是沃爾瑪。這也是沃爾瑪無法兼及的市場，但沃爾瑪對此並沒有感到沮喪，畢竟沃爾瑪不是全能的。但這給一些一心想打造出高端品牌的供應商，提出了十分為難的問題：是要追求產量，還是追求品質？他們往往會對這個問題感到沮喪。

同時，沃爾瑪的「天天低價」的實現，是透過壓縮成本實現的。其結果就是供應商在產品的生產成本上必須作為一定的考量，以配合沃爾瑪的低價策略。這樣的考量，是在產品上削減一些功能，或是稍微降低產品的品質等等。這顯然會使得供應商產生被沃爾瑪壓迫的感覺，致使供應商對沃爾瑪時常會發出很多的抱怨。但為了打開銷路，又不得不對沃爾瑪做出妥協。

相對於弊處來說，好處在於沃爾瑪佔據的零售業市場佔有率十分巨大，每年透過沃爾瑪銷售的商品數量十分驚人。1993年，沃爾瑪的銷售額是673億美元，超過了上一年排名第一的西爾斯，榮登全美零售業榜首。1995年，沃爾瑪公司創造了年銷售額936億美元的世界紀錄。

事實上，沃爾瑪的年銷售額相當於全美所有百貨公司的總和，而且至今仍保持著強勁的發展勢頭。之後，更是連續三年在美國《財富》雜誌全球500強企業中居首。如今，沃爾瑪已擁有2133家沃爾瑪商店，469家山姆會員商店和248家沃爾瑪購物廣場，分佈在美國、中國、墨西哥、加拿大、英國等世界各地。

雖然產品的價格相對低廉，但是依然有一定的利潤，同時依靠龐大的數量，其價值仍使得很多供應商都捨不得割捨掉沃爾瑪。沃爾瑪幾乎開遍了整個美國，這對於供應商產品的推廣也會產生十分積極的效應。哪裡有美國人，哪裡就有沃爾瑪。當然，沃爾瑪也有一條原則，以防止給人強勢的印象，規則就是：沃爾瑪只負責商品30％的銷售，其餘的還是交由供應商自己解決。

與上文所說的第二點弊處相對應的，供應商在產品的生產上，不得不增強其效率，以此來削弱低價帶來的危害。這就要求供應商在產品的生產上進行資金與科技的投入，讓供應商既要關注產品的利潤，也要專注於商品的生產，以此來增強自身的競爭力。

從長遠來看，這是有利於整個商品生產產業的健康和高速發展的。而且，我們已經提到過，沃爾瑪推行過高效能小分隊的計畫，該計畫也很好地幫助供應商們改進以往低效的細節，降低了生產的成本。

透過利弊的比較，我們可以看到沃爾瑪的行銷策略，不僅是對顧客的觀念有所影響，也在很大程度上對供應商提出了更大的挑戰和機遇。而上了沃爾瑪這艘船，就必須跟著沃爾瑪所制定的步伐前進，否則就會被很快淘汰掉。

供應商也可以擺脫沃爾瑪聯想行銷的影響，那就是將商品撤出沃爾瑪超市的架臺。這意味著這家企業放棄了一個大眾的市場。畢竟，以沃爾瑪在零售業的影響力來說，退出其領域，就只能面向那些專業型的小眾市場。這往往需要企業的領導者，有很大的勇氣與魄力，才能獨架橋梁，另走它路。

沃爾瑪的「隱形情報局」

在一次重要的股東大會上，山姆熱情洋溢地對與會人員說道：「夥伴們，資訊時代的隧道已幾近足下，兩個時代的步伐沃野相距。我們，將屬於未來，屬於這個高速發展的資訊社會。」

山姆的演說不像是在召開沃爾瑪公司重要的股東大會，因為他已經處於離職的狀態，只是擔任沃爾瑪公司的執行委員會主席。他的演講就像已故的黑人運動領袖馬丁·路德·金在華盛頓的演講「我有一個夢想」，希望建立一個帶有競爭性質的「隱形情報局」來檢測公司內部的管理情況，並且引用新的科技發明來加速沃爾瑪公司的擴張戰略。

1991年，沃爾瑪公司的年銷售額突破400億，逐步邁向全球大型零售業的隊伍中。有人說，科學的管理是沃爾瑪公司成功的關鍵。早在20世紀80年代，為了適應沃爾瑪公司的長期發展，沃爾瑪引進了空前規模的電腦網路系統。這套系統的總部設在沃爾瑪公司的大本營班頓維爾，總共有550多個微機工作站，可同時與世界各地的電腦進行聯網工作。

這樣超強的網路通訊系統被稱作是沃爾瑪公司的「隱形情報局」，隨時可以向「情報總部」回報進展情況。山姆曾經承諾過，一旦有發現其他商店的產品比自己賣得低，就會立即通知沃爾瑪公司經理調整商品價格。因此，他想盡一切辦法來壓縮成本，提高公司管理水準和經營效率。

自從實行資訊化網路系統以來，配送中心以超高的效率完成每次配送任務，並且從來沒有出現過任何錯誤。因為這一切都由其算計網路掌握著資訊。

當供應商把貨物送達沃爾瑪公司的配送中心後，配送中心會對商品進行仔細核對和檢驗，電腦會對該商品進行歸類排序，記錄該商品的數量和存貨量，並且分別將這些商品送到相應的貨架上。一旦有分店有提貨需求，電腦就會立即查找出貨物的相應位置和存貨數量，並且可以直接列印出該商品的標籤和代號，工作人員能迅速將貨物放到傳送帶上。商品在長達幾公里的傳送帶上運行，透過鐳射識別上面的條碼，把它們送到該送的地方去。

對於那些零散的貨物，該網路系統也能進行操作。技術人員在傳送帶上設置了一些信號燈，有紅的、黃的、綠的，員工在輸送這些零散貨物時，只要根據信號燈的提示就能確定該商品是否應該被提取，並且確定它們是要被送往何處，這樣把同樣配送點的貨物歸納到一個箱子當中，就可以極大地節省輸送空間。

沃爾瑪公司的傳送帶上一天輸出的貨物可達20萬箱。沃爾瑪分店的補貨系統控制在每週兩次，透過維持少量的存貨既節省了分店的空間，也降低了庫存消耗的成本。與同行業其他商店兩週補一次貨相較，沃爾瑪公司效率提高了四個週期。

有媒體曾經專門去參觀過沃爾瑪公司的一家配送中心，報導出來的內容讓所有人震驚不已。因為沃爾瑪公司的配送中心超過十萬平方米，足足有23個美式足球場那麼大的面積，裡面儲存的商品類別超過8萬種，整齊地歸類在各個區域，沒有人們買不到的東西。

事實上，沃爾瑪公司在美國總共擁有60多個配送中心，為4000多家商場服務。也就是說，沃爾瑪公司為分店與配送中心的距離和路線做了周密的戰略部署，從任何一家配送中心出發都能在短時間內到達需求送貨的商店。因此，在沃爾瑪公司的任何一家商店都不會出現供不應求的商品，因為「隱形情報局」能夠及時獲得商品資訊，迅速調整方案補貨上架。

經濟學專家斯通博士針對美國零售企業的發展做了專項調查，在美國的三家大型零售業中，商品物流成本佔銷售額的比例在凱馬特公司是8.75%，西爾斯公司是5%，而沃爾瑪公司的比例只佔1.3%。換言之，假設三家公司的銷售額都是250億美元的話，沃爾瑪公司比西爾斯少花費4.25億美元，比凱馬特少花費18.625億美元。

這一切都是源於沃爾瑪公司「隱形情報局」——資訊終端和網路設備。透過這套系統設備，沃爾瑪公司能快速反所有合作夥伴的資訊變化，從而做出快速反應，既能降低商業成本，也能產生更大的利潤。

第十二章 華爾街的「草裙舞」

華爾街65歲的跳舞老頭

雅娜．耶是一位提琴手，來自塔爾薩，她曾經上百次在沃爾瑪的活動中進行表演。她的第一次表演是在沃爾瑪公司的一次經理會議上，那時山姆把他的愛犬也帶來了。在她演奏的時候，那條本來在山姆腳邊睡覺的獵犬突然醒來，並且跑到了舞臺上，站在麥克風前昂頭狂吠。雅娜當時還不知道這條狗是沃爾頓家的，所以當其他經理們都看著牠大笑不止的時候，雅娜走到麥克風前，邀請這條有強烈表演欲望的獵犬的主人一起上臺表演。

雖然山姆並沒有接受她的提議，她的機智還是為自己贏得了日後上百場的演出機會。雅娜開始有機會觀察山姆的工作方式，她發現在吸引人們的注意力方面，山姆很有一套。他會適時地在別人的講話中插話，用以提醒人們這段講話將要進入到最重要的部分，必要的時候，他還會把重點重複一遍，以確保人們都能聽到。

山姆曾經在他的自傳中談到過他對沃爾瑪員工的看法，他認為如果想讓沃爾瑪這個龐大的商業帝國日益強盛下去，最好的辦法就是讓所有的員工都把這裡當作自己的家，讓他們興致高昂地參與其中。

每週六早上的經理例會就是最好的實例，山姆自己說過，每週開會的時候他都會努力製造一些小的驚喜活動，讓會議保持神秘，讓每一位趕到班頓維爾的分店經理都覺得自己這一天沒有白白早起。山姆的這份幽默感著實難能可貴，畢竟，要是每週的會議都是一個人用枯燥單調的聲音念出一大串數字，或是面無表情地介紹公司一週的業務，那恐怕不出20分鐘，在場的人們都會睡著。

受山姆的感染，沃爾瑪公司的會議都會穿插一些精彩的表演。演出者大都是沃爾瑪公司的高層經理，傑克．舒梅克曾經在沃爾瑪的一家分店裡跳過呼啦草裙舞；格拉斯則向員工們承諾，如果沃爾瑪公司的股價能創下新高，他就會在班頓維爾的總部跳呼啦舞，後來他果然兌現了這個諾言。最離奇的是另一位經理，曾在班頓維爾市廣場上騎著白馬轉圈，頭上戴著假髮，身上還穿著粉紅色的緊身衣。

從創立沃爾瑪公司到今天，公司裡一批又一批的員工，包括卡車司機、會計和店員，都在公司的重要場合獻上過表演。有時是一起合唱沃爾瑪的歌曲，有時是朗誦他們自己撰寫的祝詞。

一些商店經理還別出心裁地舉辦一些顧客和員工都可以參加的聚會活動，讓人們在聚會上進行歡樂的競賽和表演。據說，山姆最喜歡的一次活動是在奧克拉荷馬州的一家分店裡舉辦的吃月餅大賽，不過有傳聞說那位經理之所以要舉辦這次比賽，是因為他一時粗心訂購了大大多出需要的點心。

當然以上那些都不是沃爾瑪公司出現過的最離譜的事情，如果你曾在1984年3月在華爾街生活過，就能見到這樣一幅畫面：

一位頭髮花白的老者一臉羞澀的站在美林公司的辦公大樓前，旁邊有位一臉壞笑的助手在幫他穿上一件天藍色的夏威夷襯衫和一條夏威夷草裙，還把一大串花環和一頂花冠戴在老人的脖子和即將變禿的頭頂上。

這位老人就是已經65歲的山姆．沃爾頓，旁邊的助手是他的得力幹將大衛．格拉斯。半年前，老沃爾頓曾向他的員工承諾，只要沃爾瑪公司當年的稅前利潤能比上一年增長一個百分點，他就到華爾街去當街跳夏威夷草裙舞以示慶祝。當公司財務報告出來之後，老山姆在驚喜之餘也有些擔心，因為這下他想不跳舞都不行了。為此大衛特意雇來了三位專業的草裙舞演員，跟在老山姆身後為他伴舞，另外還有兩名烏克麗麗琴的演奏者。

演奏者撥動起琴弦，伴舞人員脫掉了外套和鞋子，聞訊而來的新聞記者擠滿了街道，行人也紛紛駐足。在這樣的環境之下，老山姆對著攝影機笑了笑，用笨拙的動作帶領著身後的舞者開始跳夏威夷草裙舞。

在我們來說也許無法想像，一個年過花甲、腰纏萬貫的董事長，在美國最繁華的街道上笨拙地跳著草裙舞，只為了履行和其員工的約定。後來這個場景成為了山姆最傳奇的形象之一，他還特意把自己跳舞的一張照片收入了自傳中。

當晚，這段跳舞的錄影就透過沃爾瑪分店中的銀幕向所有沃爾瑪員工播放，還出現在了報紙和晚間新聞中，一時引起了巨大的反響。這也達到了山姆的目的，讓他的每一位員工都知道，在沃爾瑪這個大家庭中，任何人都沒有權利不履行自己的諾言，任何人都有責任為別人帶來快樂。

特殊年會：慶祝每一次成功

山姆堅信：每一次的成功都值得慶祝，因為這說明人們在過去的一段時間裡，付出了辛勤的勞動。成功就是對人們之前努力的最好回報，慶祝成功也是對於人們自身的肯定。因此，他才率眾在華爾街風風光光上演了一回「草裙舞」。

對於一家企業來說，最大的成功就是企業在複雜的自由市場中生存並逐漸壯大，最直觀而具體的表現形式就是銷售額的不斷增長。反映在資本市場上，則是該企業的股票價格不斷攀升。

1982年，沃爾瑪銷售額突破20億美元；1992年，山姆去世不久，銷售額達到440億美元；2004年，更是衝到了2560億美元的新高峰。毫無疑問，沃爾瑪是不斷地邁著成功的腳步走向輝煌。

以上這些輝煌的數字如此耀眼，令人很有幾分不真實的感覺。其實，在1982年的時候，就有人預言沃爾瑪已經達到了事業的巔峰，難以再有很大的發展。但是，這些人都遠遠低估了沃爾瑪的潛力和活力。不過，這也不能完全怪他們，沃爾瑪的領導者也沒有想到沃爾瑪能衝到如此的高峰，後來想起，他們常常還有在做夢的感覺。

沃爾瑪如此的成功，其慶祝的方式當然與眾不同。每年，在沃爾瑪的本部班頓維爾，都會舉行一場熱鬧的年會，這是沃爾瑪慶祝成功的最主要場所。

每年的年會上，沃爾瑪的數千名股東都會出現在大會。這些股東會聽取沃爾瑪的領導者們宣佈今年沃爾瑪不斷攀升的銷售額，以及今年相比去年，沃爾瑪又取得了哪些成功。而股東對此當然都是熱情高漲，並會報以熱烈的掌聲，表達對沃爾瑪的全體員工一年來的辛勤努力的感謝。作為沃爾瑪的最高掌舵者，山姆當然也會出現在大會的現場。

沃爾瑪的成功，使得山姆的財富也得到了很大的累積。1982年，《富比士》第一次發佈全美最富有者的排行榜單時，山姆就以6.9億美元的估價被排在了第17位。當然，這大大低估了山姆的財富。1985年，他就榮登了該榜單的首位。而山姆也並沒有因為巨額財富就改變其樸實的性格，反而對此還感到不高興，時常抱怨這個榜單將其置入了更多人的關注中。

年會上出現的山姆依然樸實無華，經常穿著簡單而貼近員工的著裝，但這並不能阻止他激起大會高潮出現。與會的每一個人都會站起來，對他表示由衷的敬意和崇拜之情，而他也會很親切地回應人們。而後精力旺盛的山姆，會信步走進群眾中，而不會選擇呆坐在高高的前臺，只和其他公司高層聊商務的事情。

因為，山姆覺得每次的年會都是對成功的慶祝，而成功的實現，都來自員工們一年來的辛勤努力。他們才是沃爾瑪成功的締造者，與他們一起慶祝才是沃爾瑪年會開辦的意義所在。

熟悉山姆的人，對山姆這一奇特但親切的行為，已經習以為常。而那些之前並不認識他的員工們都對山姆有了新的認識。山姆很自然地隨手抓了點小零食，然後將周圍的群眾聚攏在一起，席地而坐，開始隨意地聊起天來。雖然，人人都知道他是最大老闆，但是當他在身邊時，人們都沒有感到大人物的那種壓力。

山姆就像是一個認識了很久的小老頭，很誠懇地在和員工們談心。他不會一個人在群眾裡高談闊論，而是鼓勵每一個人將自己的想法盡情地表達出來。他總是努力的記住每一個人的名字，然後拍拍他們的肩膀或握著他們的手，毫不吝嗇地對他們表達自己的稱讚，感謝他們多年來為沃爾瑪的發展所做出的努力。之後，山姆會組織股東和員工們一起參加各種新奇有趣的遊戲，進一步活躍喜慶的氣氛。

每年的慶功大會，都會在山姆親切而友好的帶動下，圓滿的結束。年會過後，出席會議的員工都會驕傲地告訴其他員工，山姆曾跟他們握過手，而且表示對他們是如何如何的滿意。那興奮的神情，刺激得其他員工直跺腳，感嘆為什麼沒好運參加這樣的大會。但是，山姆在熱鬧的慶功大會背後，卻又是另外一個場面。

一位才進入沃爾瑪不久的高層曾描述過一次會議。那次會議是沃爾瑪的耶誕節銷售額業績比上年調高了20幾個百分點之後召開的。當時，他懷著高興而興奮的心情坐在會議室裡，等待著山姆來宣佈這個喜訊，然後準備好好地慶祝一番，這是他原來所在公司的常例。然而，他卻注意到其他高層的心情並不像他一樣愉悅輕鬆，對此，他感到十分納悶，山姆走進時嚴肅的表情，給了他答案。

山姆宣佈會議召開後的第一句話就是「為什麼這次耶誕節銷售會缺貨？」接著，整個會議以怎麼解決這個問題而展開討論。有人指出耶誕節期間，有的分店對於預期銷售估計不足，所以沒有備足存貨；有的人指出是由於某個路段的公路檢修，運輸貨物的車隊未能及時到達等等。

這位「新手」驚訝地發現，其他人對這次會議的主題都有十分充分的準備，個個都指出了一定的問題，同時，也想出了一些解決辦法。而他卻由於準備不足，只能當一個觀眾，看山姆等人的激烈討論。

問題基本解決後，緊接著的議題仍然不是慶祝，而是馬不停蹄地開始為下一次的耶誕節銷售季做出詳細規劃。各種資訊的搜集，各種物資的調配，都一一做出妥善的安排。數小時的會議，當年耶誕節所取得的成績隻字未提。

會後，這位「新手」才從其他人那裡得知，山姆給沃爾瑪各部門培養的習慣是，在每一次的大型銷售季以及活動前後，都要做好充足的準備和事後檢討。努力地找到錯誤，並想出辦法有效地解決它，盡全力保證計畫的實施，以及企業的健全發展。

在沃爾瑪，成功是會不斷取得的，但是這是依靠山姆和各部門在背後的努力。他們帶領著沃爾瑪的員工不斷地自我檢討錯誤，改進做事的方式，每一步都在為下一個成功奠定堅實的基礎。

當然，這位「新手」緊接著又表示，山姆在當年的年會上很是稱讚聖誕季的好成績。沃爾瑪對於成功的態度，讓他認識到，在沃爾瑪，成功是非常有必要大書特書、盡情慶祝的。但是，也必須深刻牢記，每一次的成功都不是運氣，也不是只在辦公室高談闊論就能不勞而獲的。為成功慶祝的同時，也要努力為成功的取得而檢討。這是沃爾瑪的一種領先於其他零售商而獨有的企業文化。

任何一次成功，都需要我們去慶祝一番，因為這樣我們才能肯定過去，也讓我們樂觀地相信未來。但樂觀，並不是盲目的。沒有憂患的意識，成功只能止步於這一次，下一次將會遙遙無期。

沃爾瑪之外的人，看到的多是沃爾瑪無數次的成功和山姆那不斷累積的財富，而往往忽視了沃爾瑪全體員工和山姆為這些工作所做出的不斷努力。卓越，不是從表面就能看得出來的。

匪夷所思的星期六會議

雙休日，是每個上班族盼望到來的日子。而星期六，作為《聖經》裡上帝創造世界的最後一天，更是用來讓人得到充分休息的一天。在忙碌了五天後，人們都希望留在家中，和家人一起共度。而有那麼一群人，每到星期六，卻「拋棄」家人，一大早就趕到公司參加會議，一個個都還笑容滿面，看起來心情十分的愉悅。

拋棄星期六早上溫暖的床，放棄與家人溫存的美好時光，只為了去公司參加一場會議，這在大多數人眼裡，都會覺得十分不可思議。但這些人一聽說，這事發生在沃爾瑪的本部班頓維爾，他們就會恍然大悟似的說一句：「那就不奇怪了。」為什麼不奇怪呢？這似乎更令不知情的人大惑不解。

那些參加會議的沃爾瑪員工們告訴我們的答案是：去參加星期六的會議，每次都會有娛樂而又出人意料的事情發生，這一樣也是愉快地度過星期六的最好方式。

這個答案令人更加疑惑，開會怎麼會跟娛樂聯繫在一起呢？又不是開 Party ？在其他普通的公司裡，會議應該都是嚴肅地彙報一連串的資料，然後針對業務進行細緻的討論。這麼來說，開會是一件很枯燥而繁重的事情，沃爾瑪星期六的會議到底是怎麼一回事？

其實，沃爾瑪星期六會議與其他時候的會議一樣，也要討論有關業務的事情。山姆出席會議時，並不是每次都由他主持，而是隨意指著在場的一個人說：「今天，你來主持會議。」被點到的人也不會推託，就開始主持會議的召開。

每次的會議都很隨意，或嚴肅式或幽默式，這完全就看這個隨意所指的人是誰。因而，參加會議的人總是會在會議前興奮地探討這次會議的風格。

會議的內容除了業務以外，更主要的是研究企業深層次的經營觀念和戰略。會議上，由於氣氛輕鬆，大家都可以暢所欲言，每個參加會議的人都可以發表自己對於企業經營戰略的想法。然後，大家就針對這些想法，互相發表自己的見解，集思廣益，充分發揮自身的背景特色，對想法進行改進，挖掘出對沃爾瑪有益的地方，然後再精煉出來，放到以後的企業規劃當中。

有些想法，可能是異想天開，但是在會議上，絕對不會立刻就被否定掉，而是進一步考慮其可行性。同時，山姆和參加者還會將目光投到沃爾瑪有力的競爭者身上，從他們那裡看到沃爾瑪不足的地方和他們特色的地方。不足，就想辦法改善；特色，就想辦法吸收。每一次的會議，都是對沃爾瑪自身的完善，也是對其競爭者的有力攻擊。

我們要注意，不要簡單地認為，這只是沃爾瑪高層關起門來，搞秘密會議。山姆從來都不會讓沃爾瑪的思想只局限與他和企業的高層。他認為沃爾瑪的發展和中下層的員工、沃爾瑪的供應商以及顧客都是息息相關的。所以，有時候，出現在會議上總不會僅限於那些熟悉的老面孔。

其他分店的優秀員工會在前臺，瀟灑地對山姆的人「指手畫腳」，批評他們的哪些措施做得不夠好。和沃爾瑪關係密切的供應商老闆，也會在會議上與沃爾瑪的人稱兄道弟。而更多的是，沃爾瑪的顧客在會議上對山姆抱怨沃爾瑪的服務，在哪裡有不到位的地方。

山姆和沃爾瑪的高層們，對於其他人的批評都表示十分歡迎，而不是感到憤怒。因為在沃爾瑪，人們都清楚地明白一個道理，那就是：沃爾瑪和沃爾瑪的人都不是完美的，不可能對所有的事面面俱到，但是虛心接受別人的意見，卻是一條走向成功的捷徑。

透過這些受邀請人，山姆更加容易而透徹地發現自身的弱點與不足。這可是一筆難以估量的財富。當然，如果會議僅停留於此，雖然有些意思，但是仍不足以吸引人們在星期六愉快地到來。而與眾不同，就在除了上述那些常規的開會形式之外，新奇的娛樂項目往往喧賓奪主，每次都差點搶了業務討論的風頭。會議的氣氛往往就會變得跟開 Party 似的。

有一次，山姆要求一位高層下一次的星期六會議要來講幾段笑話。當然，這不是簡單地只為活躍下次的氣氛。這位高層平時是個非常嚴肅的人，做事都是一板一眼，十分認真，很少露出笑容。讓他來講笑話，簡直就是不可能的事。

山姆這次要他來講笑話，讓他有點難為情，但他又不能拒絕山姆。因為，在星期六的會議上，最基本的原則就是對任何事都不說不可能，而他只好鬱悶的回家準備笑話。這一個星期，與他見過面的人，都會看到他不停地在努力地讓嘴「拉扯」出笑容，面部表情極不自然。

到了星期六，會議的第一項就是他來講笑話。剛開始，人們都以為會冷場，但是，他還沒說幾句，其豐富而誇張的表情就已經使在場的人個個捧腹大笑起來。無疑，他完成了他以為不可能的任務。而從此，他也明白了，其實沒有什麼事是不可能的。

除了講笑話，山姆還會發明很多新奇有趣的玩法，比如，大家一起在會議室裡，蹦蹦跳跳地做健美操，美其名曰健身。偶爾搞搞大合唱，雖然經常聽起來像是狼嚎。這些玩法，據山姆說，其實很多都是由於當年在小城鎮裡沒有什麼娛樂，只好自己想點豐富生活的點子。這些點子用到會議上來，可以使更多的人一起享受愉快的氣氛，而且還可以加強團隊的合作精神，這都是極為有意思的事情。

這些玩法都是突發奇想，山姆並沒有事先寫在記事簿上，一切都是順其自然的發生。在外人聽起來，都會覺得這些做法都太瘋癲了，難以讓人接受，但是這就是沃爾瑪的企業文化：突發的靈感，對任何想法都不說不，緊密的團隊精神。這也是其他人所無法完全照抄到的企業文化核心，沃爾瑪的任何人都必須遵守。

沃爾瑪星期六的會議，是當年山姆強力推行的，起初只有幾個商店的經理參加。而後其參加人數逐步的擴大，到達一兩百人，還有很多想來的，都只能放到年度大會上露面。這些人都甘願放棄陪伴家人的時間，會議的魅力可見一斑。以後，誰要是說：「開會是件多麼無聊的事。」那他應該去沃爾瑪看一看。

沃爾瑪激勵員工的「歡呼聲」

參加過公司例會或年會的人都知道，很多公司開會的唯一內容就是無窮無盡的講話和報告，聽得人們昏昏欲睡，無聊至極。如果你參加過沃爾瑪公司的例會，就一定會對傳統的例會方式產生懷疑。

沃爾瑪公司的例會，不管是每週一次的、每月一次的或是每年一次的年會，都會有一大幫人大呼小叫：「來一個W！來一個A！來一個L！我們扭扭腰！呼！呼！呼！來一個M！

來一個A！來一個R！來一個T！那是什麼？沃爾瑪！誰是第一？顧客永遠第一！」

這種獨特的開會方式是山姆獨創的，靈感來源於他在工作疲勞時的遐想。人們每天的工作已經很辛苦了，如果在開會的時候還要嚴肅地繃著臉，那生活未免太過無趣。感覺生活無趣的人是不會有激情好好工作的，從1977年起，山姆就帶領著他的員工在工作之餘喊口號。大聲喊叫可以幫助員工排遣壓力，進行自我激勵。在上班前、開會前或是遇到了什麼困難的時候都能聽到他們大聲的為自己加油，這個方式很快就在沃爾瑪的所有分店裡流行起來。從那以後，全美各地的人們都能在沃爾瑪分店裡聽到他們的口號。

很多人不瞭解沃爾瑪公司這種喧鬧文化，他們覺得沃爾瑪公司的人似乎都在譁眾取寵。但是真正深入瞭解之後，人們會知道這種歡呼聲是一種情緒釋放的方式。能夠激發員工工作的活力和精神狀態，從而激發員工的創造力。

得益於這種「喧鬧式」的管理理念，員工們會在經理的帶領下大喊大叫、跳健美操、舉行拳擊比賽，有時還會請來當紅的喜劇演員和橄欖球明星為表演助興，總經理和董事們會跟員工一起跳奇形怪狀的舞蹈。在會議組織者的精心策劃下，每位員工都對例會抱有極大的期待，因為你永遠不知道今天的會議上會發生什麼離奇的事情。

除了「歡呼聲」之外，沃爾瑪公司還有很多讓人意想不到的事。德克薩斯州的倉庫經理鮑勃．史奈德受了山姆跳草裙舞的啟發，也和員工打賭說如果打破了生產紀錄，他就去跟狗熊摔角。結果是他只好去找了一頭狗熊進行危險的摔角活動。老闆們的幽默細胞給員工帶來了很多的快樂，同時也讓公司獲得了更多的收益。當人們時刻能保持心情愉快時，自然會對這家公司產生像家一樣的好感。

沃爾瑪公司的創意活動不僅娛樂了他們自己的員工，還能靈活的運用在實際的工作中。喬治亞州的一家分店曾經舉辦過一個名為「吻豬」的慈善活動，幾位經理的名字被貼在幾個募捐箱上，哪個箱子裡收集到的錢最多，哪位經理就要去親吻一頭豬。另一家位於密蘇里州的分店則做得更令人叫絕，店裡所有的男經理都身穿粉紅色短裙，坐著平板車在週末的晚上來往於市政廣場，為慈善募捐造勢。

除此之外還有很多稀奇古怪的遊戲，例如吐柿籽比賽、卡車司機合唱團等等。顧客到沃爾瑪去買東西時，經常有機會碰到賣場舉行的遊戲性促銷活動。沃爾瑪公司有時候會把寫有獎項的紙條從樓上扔下來，搶到的顧客就可以憑券領獎；還有一些手推車上寫著號碼，哪位幸運顧客的號碼被廣播喊到的話，結帳的時候可以享受一定的優惠。顧客在得到實惠的同時也得到了非凡的樂趣。

沃爾瑪每年最盛大的活動當屬固定在六月第一個星期五召開的年會了，這是公司體現文化的最好方式，也是最重要的慶祝活動。會議的主題是投票進行人事變動和財務報告的審核。不過這個主題相對於董事長準備的歡樂表演來說只能算是附帶處理的事情。沃爾瑪用飛機把分析家和員工接到會場，還讓他們在這裡度過一個充實的週末，比如到沃爾頓家去參加家庭聚會和進行沿河漂流運動。

1984年的六月，班頓維爾鎮宏大的體育館裡擠滿了沃爾瑪公司的員工，整個上午山姆都在給分店的經理、優秀的雇員頒獎，還發表了激動人心的演說，鼓勵大家多購買公司的股票。最後，山姆帶領著大家唱起「星條旗永不落」，大會才算結束。第二天召開的週六例會上，他還請來了阿肯色州的州長比爾·柯林頓作客人。

沃爾頓之所以能夠成功，在於他充分重視了普通員工的作用。在現代商業社會中，一個企業要想進行持續長久的發展，必須集思廣益。作為公司的領導者需要多與員工交流溝通，讓每一個員工真正的愛上這個公司。這才是企業發展的動力之源。

山姆深諳此道，所以他才想盡各種辦法讓員工感到快樂，暢所欲言，讓他們有確實的存在感。不管是週六的例會還是大型的年會，都是員工展現自已、發表意見的好機會。在剛開始的時候，山姆盡力讓所有員工都來參加例會，但是隨著公司規模的發展，不再可能讓那麼多員工都來參加會議。不過山姆有他的辦法，他讓每一家分店的員工輪流到班頓維爾總部來參加例會，儘量保證每一個人都能得到參加總部例會的機會。

山姆透過各種方法感謝員工為沃爾瑪做出的貢獻，因為沒有他們的努力公司不可能有這麼好的成績。讓員工知道的越多，他們關心的就越多，他們才更有熱情和激情去努力工作。

第十三章 不是員工，而是夥伴

讓員工都知道公司的重視

一個企業的文化影響著一個企業的成功，沃爾瑪的成功基於這樣一種堅強的信念：讓每一位員工實現個人的價值，員工不應只是被視作會用雙手幹活的工具，更應該被視為豐富智慧的源泉。「要讓員工知道：我們很重視公司的員工。對沃爾瑪公司來說，他們每一個人都非常重要，因為事實確實如此。」山姆曾對《富比士》雜誌記者說。

在沃爾瑪公司，專門有一套對待員工的「門戶開放」政策。員工在這家公司裡不是被稱為「Employee（員工）」，而是被稱作「Partner（夥伴）」或者「Associate（合夥人）」。如果員工不滿自己主管，可以跳過主管，與主管的上級直接對話，以尋求滿意的答覆。

在沃爾瑪公司看來，員工是公司的最大財富。零售業的競爭，是價格的競爭，是地理位置的競爭，是店面數量的競爭，但歸根到底是人才的競爭。在不斷的探索過程中，山姆越來越意識到人才對於企業成功的重要性。因此，沃爾瑪經營者們把如何培養人才、引進人才，以及對既有人才的培訓看成一項首要任務。

在早期，沃爾瑪雇用大學生為員工，這遭到沃爾瑪商店經營者們的強烈反對，他們認為大學生不會努力工作，沒有經驗，不踏實。然而，在雇用的最早的大學生中，有三個人——比爾．菲爾茲、迪安．桑德斯、科隆．沃什伯恩——至今仍在沃爾瑪工作，而且事實上是沃爾瑪最亮的明星。但是，正如古話說的「萬事開頭難」，他們在剛進公司時，的確遇到了很大的困難。但是，隨著經驗的累積，他們已經可以在各自的崗位上獨當一面。

回憶起那段艱苦的歲月時，現任沃爾瑪商品和銷售執行副總經理的比爾．菲爾茲感慨萬千。比爾進公司5天後，接受了一個對他來說十分艱巨的任務——負責在奧克拉荷馬州的艾達貝爾開分店。

當時的情況十分緊急，比爾只有13天左右的籌備時間。想像當時初出茅廬的比爾，一開始工作就接手如此急促而重大的任務，他的心情幾乎無法用言語來表達。

比爾說，第一週他工作了約125個小時，第二週情況就更糟了。有一次，山姆碰到比爾，就問是誰應徵雇用他的。比爾對他說是費羅爾德．亞倫。山姆就類似否定比爾似地發出了疑問：「你認為自己將來是塊生意人的料子嗎？」

比爾覺得這位老闆是在侮辱自己，有股衝動想要辭職，離開沃爾瑪。思慮再三，他突然明白有大學文憑在公司，並不能得到任何額外好處。隨後，在山姆他們這些「老傢伙」不斷否定的情況下，比爾內心中不服輸的精神被強烈激發出來，當即又決定自己必須向那些「老傢伙」們證明自身的實力。

比爾留下來是一個明智的決定，他堅持了下來，並證明了自己，他的那家分店籌備時間是沃爾瑪公司史上最快的紀錄。同樣，沃爾瑪公司吸收大學程度的年輕人作為員工也是明智的，這是沃爾瑪公司當初也是將來持續發展的需求。

隨著時代的發展，更多的需求逐漸出現——技術、金融、行銷、法律諸方面——沃爾瑪公司對更高級人才的需求也日益迫切。所有這些都要求沃爾瑪的管理人員的思維方式做出某些根本性的變化，也促使他們對一連串問題進行反思，如自身的素質，雇用何種人才最適合沃爾瑪公司未來發展的需要，以及對在職人員應做些什麼等等。

為了適應新的改變，山姆和海倫在史密斯堡的阿肯色州大學建立沃爾頓學院，讓沃爾瑪的經理在這裡獲得一些他們早先可能沒有的教育機會。沃爾瑪公司認為自己也應當盡一切力量來幫助員工獲得大學學位。這正是沃爾瑪公司文化的體現：員工不是 Employee，而是 Partner。沃爾瑪重視員工，並致力於幫助員工取得能力上的提升。正如山姆所說：「我們需要這些員工盡可能獲得最佳的培訓，這為他們的職業生涯開創了新機會，也給整個公司帶來益處。」

「員工不是Employee，而是Partner」這一理念的形成，也與山姆早期的創業有關。創業初期，許多事務都要山姆親力親為，他通常是每天一大早就到店裡，挽起袖子做一切事情，一直待到下班一切就緒才走，而且週六、週日仍要繼續工作。正是自己創業的艱辛，讓他意識到夥伴的重要性。隨著公司的逐漸擴大，山姆不可能參與一切事情，同時也覺得有必要將責任和職權下放給第一線的工作人員。

順著這樣的思路，山姆在一個偶然的機會中閱讀了W．愛德華茲．戴明的一本著作，並且在日本和韓國的旅行途中肯定了自己的想法，即用某些方法來加強沃爾瑪的團隊精神。比如將更多的權責授予商店裡的員工們。這樣，「店中有店」的經營模式誕生了。

「店中有店」的經營模式即是商店的部門經理相對獨立地管理自己的業務，並將其收入和未來的提升與業績掛鉤的方法。這樣可以極大地增強商店經理的工作積極性，同時也體現沃爾瑪把員工當作自己的Partner，不是命令他們做事，而是極大地釋放他們的積極性與創新性。

山姆談及自己的經營管理經驗時說道，當一個公司發展越大時，就越有必要將責任和職權下放給第一線的工作人員，尤其是清理貨架和與顧客交談的部門經理人。這也讓人們聯想到那些關於謙虛經營的範例，不是規定做什麼，而是討論做什麼。

「店中有店」的模式，讓部門經理人有機會在競賽的早期階段就能成為真正的商人。即使這些經理人還沒有上過大學或是沒接受過正式的商業訓練，他們仍然可以擁有權責，只要他們真正想要獲得，而且努力專心地工作和培養做生意的技巧。

沃爾頓學院歡迎你

正如之前所說，為了適應時代發展，以及幫助員工更快的提升能力，山姆和海倫在阿肯色大學專門成立沃爾頓學院，讓一些早年沒有機會接受高等教育的經理，到那裡繼續深造。這樣一來，沃爾頓學院就成了沃爾頓公司優秀人才的主要培訓基地。

每個員工都可以在沃爾瑪公司裡找到自己的位置，並挖掘出自己最大的潛力。人力資源部門會定期對於每一位員工的工作表現進行書面評估，並與員工進行面談，交流工作中的問題或員工自己的想法、對工作願望等。而這些也將存入個人檔案，映視著每個員工自步入沃爾瑪以來的成長。

沃爾瑪對員工的評估也分得很細，有試用期評估、周年評估、升職評估等。其評估內容不僅僅包括員工的工作效率、專業知識、有何長處以及需要改進之處，還有工作態度、積極性、主動性等等。正如每個員工都能在沃爾瑪找到自己的位置一說，沃爾瑪的成功正是基於這樣一種牢固的信念：讓每一名員工實現個人價值。

每個人都希望自己所做的事情得到別人的肯定和支持，因此，山姆就在公司中尋找一切可以被讚揚、被感謝的事，特別是作為員工常有的那種不為人知的、默默的奉獻。他不僅自己這樣做，還要求沃爾瑪的每一位經理都這樣做。他說，當公司的員工有傑出表現時，公司應該知道，讓員工們瞭解自己對於公司來說十分重要。正如這樣的一句話：任何東西也不能替代適時而真誠的感激之辭。

基於這樣的理念，沃爾瑪公司還專門設置了員工培訓與發展計畫，他們會選拔合乎條件的員工進行橫向培訓和實習管理培訓。所謂的橫向培訓是一個長期的計畫，在工作態度及辦事能力上有突出表現的員工，會被挑選去參加橫向培訓。例如，收銀員會有機會參加收銀主管的培訓。另外，為了讓具有領導潛力的員工有機會加入沃爾瑪的管理層，公司領導崗位還設立了管理人員培訓課程，符合條件的員工還會被派往其他部門接受業務及管理上的培訓。

另外，從1998年開始，沃爾瑪開始實施見習管理人員計畫，即在高等院校舉行「CareerTalk」（職業發展講座），吸引了一大批優秀的應屆畢業生，經過相當長的一段時間培訓，然後充實到各個崗位。此舉極大緩解了公司業務高速擴展對人才的需求。

在關注自己公司員工的成長之外，山姆同樣致力於幫助貧困地區的孩子發展與成長的慈善事業當中。

沃爾頓家族在一次旅遊時，得知古巴等國家和地區將沃爾瑪家族的價值觀灌輸給來自其他地區的孩子時，感觸很深。隨即，他們決定美國也應傳播沃爾瑪公司的價值觀。在他們看來，這樣孩子們就具有瞭解自由企業制度的無限潛力，而且應該讓他們看看有個安定的民主政府的各種優點。此外，這同樣能夠幫助那些孩子們就學，也可能將沃爾瑪公司或山姆批發俱樂部擴展到洪都拉斯、巴拿馬或瓜地馬拉，甚至尼加拉瓜。

在20世紀80年代末，山姆專門設立了一個「特殊獎學金計畫」。在這個計畫中，沃爾頓家族每年支付從中美洲到阿肯色州讀大學的部分優秀學生。每名學生1萬3千美元，用於學費、交通、書籍和住宿等各項學習和生活費用。

這個慈善事業做得還算不錯，但是要想將這個慈善事業延續下去，首要考慮的還是在山姆去世之後，這個慈善事業怎麼辦，而非僅僅作為一個家族，如何規劃分配利用家族目前所擁有的財富。

山姆和海倫夫妻二人都有一個共同的希望，即在數年之後，至少和目前家族資產等值的金錢，要捐贈給非營利性組織。他們選擇了教育作為切入點。因為教育關係到國家的未來。作為一個國家，必須和世界各國競爭，而教育對於一個國家成功地保持競爭能力具有更大的影響。

沃爾頓家族將教育的目標放在市區內的學校，以及像密西西比三角洲之類鄉村貧窮地帶的學校。在他們看來，要想辦法予以改進，就必須在學前教育階段就開始改革，找到改變孩子們環境的方法，讓他們有機會留在學校裡並對教育感興趣。同時，還必須看到許多單親父母把孩子們留在家裡無人照看的後果，並找出協助他們鼓勵孩子求學的辦法。

山姆曾經是一個半工半讀的學生，因此，在雇用員工時，傾向於選擇半工半讀的學生，而且在提供大學獎學金時，也要求獲得獎助的學生必須是半工半讀。

在不斷的努力下，沃爾瑪公司所做的一切大大改進了大多數鄉村地區的生活水準，這也是它的顧客都承認的一點。山姆認為沃爾瑪公司所做的並不是完全的慈善事業，也不應該僅僅只是從公司拿走大筆現金捐贈給慈善機構。他說，這對股東或顧客來說，其實是不公平的。海倫也曾向山姆建議為班頓維爾的員工建造一流的運動設施，為了表達對員工真摯的感謝，沃爾頓家族拿了幾百萬美元出來，再加上好幾年的分紅獎金以支付建造費用。

其實，社會上的大部分人都懷有一份慈善的心，山姆也是這麼認為的。

有些早期的股東，尤其是早期的分店經理，他們對社區的慷慨解囊，令山姆感到非常驕傲，同時也證實了沃爾頓的想法。威拉德．沃克和查利．鮑姆兩人正是利用在沃爾瑪公司工作所累積的財富來為社區做貢獻的範例。

「嘗一嘗自己做的菜」

在良好的公司環境和工作氛圍下，沃爾瑪的員工數量逐漸增加。到20世紀80年代末，沃爾瑪公司的員工已近二百萬。儘管員工隊伍如此龐大，但是山姆仍然能給員工一種「嚴父」之感。百貨公司的每個人都在為這位貌似嚴厲的「父親」打工，但事實上他們都明白這是一位宅心仁厚的「父親」。

這位「父親」認為「情報就是力量，將這份力量分享給同事所得到的益處，將遠遠超越因情報洩露給對手帶來的壞處」。因此，他一直強調應該與員工坦誠地交流，敞開心扉地溝通。只要員工知道得越多，瞭解越透徹，那麼他們就會對事情產生極大的興趣，對公司的大小事務會越來越關心。

沃爾瑪公司有許多溝通方式，無論是電話交談，還是週六早晨的會議，甚至透過網路衛星系統都能實現溝通的目的。溝通的內容大到各種商業資訊，小到分店的營運情況和人員的精神文化。商店鼓勵員工將他們的想法提出來，並且讓那些有真正創新想法的員工和大家分享經驗，或者一起來討論怎麼能更好的壓縮成本。

曾經有一位員工在分享會上提出了對運輸公司的質疑。當時沃爾瑪公司已經組建了自己的貨運卡車隊，成為全美國最大的私人卡車擁有者。但是公司並沒有將其合理地善加利用，而是沿用以前的進貨方式，繼續雇用一些運輸公司來採購商品。這位員工並沒有因為提出質疑而受到公司經理層的批評，相反，他們積極挖掘他的想法，讓他透過自己的思考和計畫來解決這個問題，最終找到如何善用沃爾瑪公司車隊運貨的方法。

山姆把這種自己想辦法解決問題的方法叫做「嘗一嘗自己做的菜」。透過動用員工自己的大腦和雙手去解決問題，會覺得成功是最美味的「菜餚」。因此沃爾瑪公司的管理層都被稱作「公僕」，他們的任務就是為員工服務，指導並幫助員工，為他們提供創新發展的平臺，同時也讓他們有機會成為沃爾瑪公司的「公僕」。

人們會發現在沃爾瑪公司，管理層的辦公室有門，但門永遠是開著的，因為沃爾瑪公司的「公僕」並不是坐在辦公桌後面發號施令，而是隨時隨地走出來與員工進行交流，直接解決問題。在沃爾瑪商店的辦公室甚至沒有門，因為每個員工都可以直接走進去提出自己的看法，要求與管理層商討合理解決問題的辦法。員工們把這種管理方法稱為「走動式管理」。

為了讓沃爾瑪公司整體蔓延出一種小鎮式的友好，山姆在宣傳企業文化中，讓員工們明白，為他們發薪資的並不是公司管理層，而是與他們每時每刻都在相處的「老闆」——顧客。所以員工明白必須把他們的「老闆」伺候好了，才能往口袋裡裝更多的鈔票。山姆以這些方式鼓勵員工，讓他們對沃爾瑪公司有歸屬感，才能保持飽滿的精神狀態迎接顧客。

很多顧客一週會來沃爾瑪商店好幾次，員工們能迅速地認出他們，甚至叫出他們的名字。顧客對此十分震驚，他們驚訝於沃爾瑪的員工能認識他們的同時，也在沃爾瑪公司找到了歸屬感。有時候他們甚至會和員工一起聊一聊當天的促銷資訊，新運送過來的有什麼新鮮的蔬菜，整個銷售活動就在員工與顧客輕鬆愉快的對話過程中完成。對員工來說，他們賣出去的東西越多，得到的收入也更多，自豪感也迅速增大，而這些成績都是他們自己做的「菜」。

在沃爾瑪公司，員工們能真正感受到自己是主人，他們有時候會把沃爾瑪商店稱作是「我的沃爾瑪」，讓整個購物變得愉快，讓商店充滿家的感覺。山姆說：

「如果一個人想在事業上獲得成功，那麼他必須能夠讓自己的同事感覺到他在為他的同事們工作，而不是讓同事覺得自己是個雇員。」

每一位普通員工身上佩戴的名牌都寫的是「我們的同事創造非凡」，除了這句標語之外，名牌上只有員工的名字，沒有任何頭銜和職位顯示。表示所有的員工之間沒有上下級的劃分，所有員工都相互直呼名字，為整個沃爾瑪公司營造了良好的氛圍，也讓員工保持飽滿的精神狀態去迎接顧客。

有的廣告代理商好奇為什麼會有那麼多人願意一直支持沃爾瑪公司，他們就問顧客：「你們為什麼喜歡來這裡買東西？」顧客會欣然回答說：「我奶奶交代我來這裡，因為我們信任山姆，我們相信沃爾瑪公司。」這就是員工們自己創造的價值和成果。

「特殊的股民」——忠誠的員工

在沃爾瑪公司眾多的投資者中，有一群投資者被山姆稱作是「特殊的股民」。這群股民不是別人，正是沃爾瑪公司的員工。山姆曾經坦言：「沃爾瑪公司業務的75％是屬於人力部門，是他們把關心顧客、服務顧客當作自己的使命，他們是公司最大的財富。」

基於這種想法，山姆在整個沃爾瑪公司的規劃中，把建立企業與員工之間的夥伴關係當作重點，向每一位員工實施「利潤分享計畫」和「員工折扣規定」等福利。山姆把這些規劃當作自己最引以為豪的事情，在他看來這些是沃爾瑪公司繼續前進的動力。

「利潤分享計畫」規定，凡是在沃爾瑪公司服務一年以上，並且工作時數超過1000小時的員工都有權分享公司的部分利潤。具體實施起來是，公司針對每名員工薪水情況進行提撥，提撥的金額不超過員工薪資的6％，而這部分提撥金額則是作為公司繼續投入發展使用。等到員工退休或者離職，他們可以選擇把提撥金連本帶利取走，也可以選擇折現為公司的股票，進而繼續享受沃爾瑪公司的利潤分紅。

然而早在公司股票上市的時候，山姆並不贊同這個全體員工利潤分享計畫。他分享的範圍僅限於加盟公司的經理人，還規定投入的金額不得超過1000美元。這樣公司承擔的風險較小，經理們也能從中獲得紅利。

說服山姆實行全體員工分享計畫的人是他的妻子海倫。海倫認為，無論是用薪資、獎金、股票、紅利還是其他方式，只要他們能夠參與到公司的利潤共享中，那麼員工也會以管理層對待他們的方式去對待顧客。對沃爾瑪公司來說，「利潤分享計畫」是公司真正利潤的來源。

在股票上市兩年後的1972年，這項計畫開始正式實施。當年參與分紅的員工一共有128人，公司分紅額為17.2萬美元。然而，這筆款項的成長空間是驚人的，利潤分享計畫中涉及私人帳戶的金額也是驚人的。

在沃爾瑪公司的每個分店都掛著這樣的標語：「我們公司今天的股票價格靠的是我們的工作」，沃爾瑪公司與員工共同的利益使得每一位員工都把公司的利益放在首位。員工銀行帳戶數額的增加，使得員工越加相信公司會給他們帶來豐厚的利益，自然更加精力旺盛地投入到工作當中。

與此同時，沃爾瑪公司在1972年還實行了一項員工購買股票的計畫。這項計畫規定沃爾瑪的員工可以享有85%的折扣價購買公司的股票，並且可以直接用薪水抵扣，由員工自由選擇購買。

這一計畫為員工累積了大量的財富，而專門管理員工分紅計畫的信託基金會成為沃爾瑪公司最大的股東。到80年代末，沃爾瑪公司大約有8％的股票被沃爾瑪員工所持有。對公司來說，這既是員工對公司的支持和信任，也最大限度地為員工謀得了福利；對員工來說，正是他們自己的熱情服務才為公司創造了價值，從而也為自己創造了收益。

這些與員工共同分享利潤的策略極大的激發了員工的創造力和積極性。員工為幫助公司降低成本獲得更多利潤而出謀劃策，發明了各種各樣的促銷方式，別出心裁地設計商店的物品陳列，來吸引廣大顧客，提高銷售額。

除此之外，沃爾瑪公司還有一項更為人性化的獎勵措施，那就是「損耗獎勵計畫」。這項計畫始於1980年，在班頓維爾的會議上，與會人員普遍認為應該把獎金發給那些努力減少損耗的員工們，因為他們減少損耗降低了公司成本，從而為公司獲得利潤。

事實證明，這種正面的激勵措施產生的作用遠遠大於對員工的懲罰和呵責，促使員工心甘情願地完成公司交代的任務，能自覺將自身行為與公司的利益統一起來。

實施這項計畫後，員工內部建立了相互信任相互監督的機制，公司的固定資產消耗率以及商品失竊率都大大降低。據沃爾瑪公司的官方統計，到1989年，沃爾瑪公司的損耗率降低到1.2％，只有同行業平均水準的一半左右，極大的減少了非正常原因造成的成本負擔，實現最大化效益。

第十四章 超越「上帝們」的願望

八顆牙的三米微笑

山姆的兒子羅布森進入沃爾瑪公司董事會後，大眾媒體為了試探這位「公子」對沃爾瑪公司的瞭解，便問他沃爾瑪公司成功的秘訣是什麼。羅布森露出了八顆牙，以沃爾瑪銷售員招牌式的笑容回答說：「沒有什麼秘訣，只是沃爾瑪具有獨特的企業文化，就好比我現在的笑容。」羅布森所說的這種文化決定了沃爾瑪公司能擁有超於一切競爭夥伴的競爭力。

沃爾瑪的分店遍佈整個美國，無論你走進哪一家店，都能找到價格最低的商品，並且能得到任何你需要的服務。沃爾瑪的宗旨是給顧客們營造賓至如歸的感覺，人們逛商店的時候會感覺像在自己家裡一樣舒適和溫馨。

對於如何服務顧客，山姆有一個很著名的要求。他要求所有在沃爾瑪工作的員工「對顧客露出八顆牙的微笑」，並且在與顧客距離三米遠的時候就要以真誠的笑容面對他們。沃爾瑪公司的經營目標和理念就是想方設法讓顧客感到滿意，山姆認為，露出了八顆牙，才是親切而熱情的微笑服務。

這個要求源於他上學時候的經驗，一直充滿活力的山姆在剛進大學時就下定決心要成為學生會主席。為了這個目標他必須讓自己認識足夠多的朋友，有足夠的知名度。所以他主動向所有在路上碰到的人打招呼，如果這個人是他熟識的，他就會叫出他們的名字；如果不認識，他也會主動對他們微笑點頭，道聲早安。

山姆一直堅持這樣做，沒過多久，學校裡就很少有不認識山姆．沃爾頓的人了。在之後他創建沃爾瑪公司時，就把這種理念貫穿到了經營活動之中。他創立的服務理念改變了整個零售行業，並且被收入了多部行銷教材之中。

全世界的沃爾瑪員工都在山姆的號召下堅持著「八顆牙微笑」原則。除了要露出八顆牙，山姆還要求員工主動詢問顧客是否需要幫助。

為此他還為這個服務制定了「三米」原則，也就是說當顧客走近員工身邊三米的時候，不管員工在幹什麼，都要抬起頭來看著顧客的眼睛，露出八顆牙微笑。這三米的距離也要把握得恰到好處，太遠了顧客看不到你的微笑，若是等顧客走到你身邊才突然開始微笑，會讓顧客受到驚嚇。

如果顧客向員工諮詢和求助，員工必須仔細認真地回答。如果顧客是詢問某一種商品在什麼地方，員工不能簡單地指指貨架或是告訴他們「向前兩個通道」，而是必須親自帶顧客到正確的貨架前，幫助他們找到他們想要的商品。

「永遠提供超出顧客預期的服務」，這一原則同樣是沃爾瑪公司要求員工奉行的金科玉律。所以上到總裁下到普通員工，都在設法製造一些驚喜讓生活變得豐富多采。

在沃爾瑪商店中總會出現各種有趣的活動，店員甚至會做出一些常人看來瘋狂的舉動，讓來買東西的顧客感到妙趣橫生。例如山姆為了履行自己的諾言在華爾街上跳草裙舞、分店經理跟狗熊摔角等等。做這一切不單能吸引顧客，還能讓員工工作得更歡樂，更輕鬆。山姆的「吹口哨工作」哲學就是要鼓勵人們勇於打破常規，創造美好的新生活。

人們都喜歡友好歡樂的氣氛，在沃爾瑪商店人們能得到「上帝」一樣的待遇，又能見到各種各樣好玩的事情，在同類的商店中，沒有理由不選擇沃爾瑪。所以在市場調研中沃爾瑪公司總能得到「顧客最為信賴的公司」的殊榮。

這份信任是沃爾瑪無數的工作人員用他們的熱情服務換來的，顧客的忠誠無法用金錢買到，只能透過真心去換取。價格戰可能會吸引一批新顧客，但永遠不能像優秀的服務那樣透過低廉的成本留住已有的顧客。

沃爾瑪在班頓維爾鎮創建到現在已有幾十年時間，要在這麼長的時間和那麼大的經營規模中始終堅持把顧客當成「上帝」，當成自己家的客人，的確不是一件容易做到的事情。

沃爾瑪前總裁大衛·格拉斯曾經說過，他們並沒有做什麼了不起的事情就完成了這樣一項龐大的工程。沃爾瑪公司的每一份子都投入了自己的全部精力，堅持著一次開好一家商店，一次服務好一位顧客，一心想著讓每一天都過得快樂。

日落原則——日落前協助解決客戶的問題

世界上最快又最慢，最長又最短，最平凡又最珍貴，最容易被忽視，又最令人後悔的就是時間。因此，人們需要找出時間來考慮一下，一天中做了什麼，取得的成績是正號還是負號，保證這一天沒有白白浪費。

山姆在制定沃爾瑪公司的工作規則時，著重強調當天的工作必須在當天清理完成，並把這一規則稱作「日落原則」。

也就是說，為了能夠完成必要的工作，沃爾瑪公司的員工要在每天下班之前給自己的同事發電子郵件確定每個人的分工，以保證第二天工作的效率性。日落原則的另一個重要內容是在每天日落之前幫助客戶解決他們遇到的問題。例如在沃爾瑪客服總部，如果一位顧客打電話來投訴購買的電視機出了問題，客服人員不能像其他零售商那樣，只是簡單的讓顧客去找這臺電視的維修站，而是要代替顧客跟廠商聯繫，或者直接建立電話會議，幫助客戶得到他們想要的服務。

沃爾瑪的日落原則來源於一個發生在沃爾瑪零售店裡的真實故事：

那是一個週末的早上，在阿肯色州哈里遜的沃爾瑪商店工作的藥劑師傑夫正打算在家裡度過一個美好的週末，但是店裡突然打來電話，說他店裡來了一位來買胰島素的糖尿病患者，她不小心把自己的胰島素扔掉了。對於糖尿病患者來說，手邊沒有胰島素是十分危險的，傑夫當然知道這一點。他立刻選擇放棄自己的假期，趕到店裡為顧客開了足夠劑量的胰島素。

當然，這不過是沃爾瑪卓越服務中的小小實例，但卻體現了沃爾瑪對顧客和服務的重視。沃爾瑪的所有員工都嚴格遵守山姆制定的日落原則，作為全世界最忙碌的零售商店之一，每天每位員工都忙碌而充實。每個人之間的工作相互關聯，每天發生的事情必須在當天日落之前完成，這是沃爾瑪的工作風格。不管是樓下工作人員的詢問電話，還是其他部門的申請，接到問題的人都要當天給予答覆。

山姆把「日落原則」當作沃爾瑪公司獨特企業文化的重要組成部分，因為堅持這樣的理念，沃爾瑪員工的服務才聞名全世界。沃爾瑪公司才能在短短幾十年內成為全球最大零售商。山姆有三個基本信仰：尊重個人、服務顧客、追求卓越。堅持日落原則正是這三個信仰的表現。

沃爾瑪的員工時刻為他們的顧客著想，顧客的生活十分忙碌，沒有人願意把寶貴的時間浪費在買東西上，日落原則就是向顧客證明，沃爾瑪公司確確實實地在為每一位顧客服務。

「要超出顧客想像中的滿意程度，向顧客提供他們需要的東西，並且再多一點服務，讓他們知道你重視他們。」

這是山姆的名言。既然一項工作是今天可以完成的，為何要拖到明天去做呢？一件事情一旦開了頭，就要在當天工作結束之前把它告一段落。

現代社會生活節奏如此之快，無故浪費別人的時間簡直就是在謀財害命。在一個營業額如此巨大的零售商店裡，一個普通的顧客提出的要求和其他顧客提出的或許沒什麼兩樣，店員也對此司空見慣。但如果因為司空見慣就把它排到其他工作的後面，顧客就會感覺自己被忽視了，就會對商店感到不滿，那他們下一次來購物的機率就會大大縮小。

如果每一位顧客的需求都被店員充分重視，並且在很短的時間內問題得以解決，顧客會感覺自己真的被當作了上帝，他們會認為公司是重視他們的存在的。在沃爾瑪購物時，如果發現某樣東西賣完了，只要把自己的需求告訴旁邊的店員，店員就會熱情地留下你的聯繫方式。接下來他們會盡可能快地聯繫供應商和倉庫，為商店補上那件售罄的商品。天黑之前你一定會接到沃爾瑪公司打來的電話，通知你想要的商品已經到貨，你隨時可以去取。如果沒有時間的話，沃爾瑪公司還會親自把東西送到你家門口。

連小學生都知道今天的事情今天做的道理，但沃爾瑪是唯一把這項原則奉為金科玉律的公司，他們用自己的執著和堅持為顧客服務。正因為有這樣的態度，他們才創造出高出同行許多的價值，收穫到更多顧客的信任和忠誠。

沃爾瑪的「小鎮情節」

美國通用公司的前任CEO傑克．威爾許曾經這樣評價山姆：「他瞭解人性，就像愛迪生瞭解創新發明，亨利．福特瞭解汽車製造一樣。他既能給員工最好的，也能給顧客最好的。」

可口可樂公司董事長羅伯托．戈澤塔評價山姆說：「山姆比任何人都懂得企業的生存離不開顧客，讓顧客成為所有工作和努力的中心。但是，在為所有顧客提供完美服務的過程中，他以美國獨一無二的方式服務於沃爾瑪公司的員工、合夥人還有他的股東。」

這些評論是對沃爾瑪公司企業文化的認可，評論者甚至佩服山姆的企業管理方式，認為山姆推出了獨具特色的人才管理觀念。但事實上，眾多評論中也不乏對山姆的諷刺和貶低，最讓人難以置信的一點就是，有的人居然說山姆是美國小鎮的「敵人」。

沃爾瑪公司從小鎮小店起家，發展壯大遷到大城市，最後又回到小鎮。那些傳統經營模式的小雜貨店，還有那些成本頗高利潤微薄的手工作坊，都因為沃爾瑪商店的到來而發生了改變。

沃爾瑪公司提供小鎮居民無數個工作崗位，把最廉價最好的商品提供給小鎮居民，為他們節省開支。引入先進的生產和管理模式，漸漸讓凋零衰落的小鎮變得有生氣，讓小鎮走向發展壯大，走向城市化。

但是，那些被淘汰下來的競爭對手卻認為，正是因為沃爾瑪公司的到來使得小鎮漸漸走向衰亡。原來的老舊房屋被新建的高樓大廈替代，窄小蜿蜒的公路被寬闊的高速公路替代，零散雜亂的小商店被沃爾瑪公司的分店替代……在他們看來，這一切都應該歸罪於山姆。

事實上，沃爾瑪公司在小城鎮上的擴張避免了小鎮的消亡。作為一個舊時小店起家的商人，山姆的「小鎮情結」一直引導著沃爾瑪公司的進步和發展。他坦言：

「沒有人比我更喜歡小鎮零售業的黃金歲月，因為小鎮經營促使我們走向成功。但是，如果我們沉湎於自己早期的成功，不思革新，直接沿用之前的法則，那麼其他競爭者就會出現，拉走我們的顧客，我們今天就會倒閉。」

就像汽車終究會替代馬車一樣，小型雜貨店注定要消亡，即使能在競爭過程中勉強度日，但數量一定會急劇減少。因為這一切都是由顧客來決定的，他們有權利選擇任何一家商店購物。因此，出於公司前景的發展考慮，以及出於對小鎮的熱愛和回饋，山姆將沃爾瑪公司引入小城鎮的建設中。

一切都顯得順理成章，那些固守舊的經營模式的商店倒閉了，很多小鎮居民成了沃爾瑪公司的員工，破舊的房屋拆除了，換成了沃爾瑪公司的員工住宿大樓。沃爾瑪百貨公司的相應配套設施逐步完善起來，帶動整個小城鎮現代化發展。對於那些曾經批評他、現在落魄的競爭對手，山姆只是笑笑地說道：

「並不是沃爾瑪公司打敗了他們，而是他們被顧客拋棄了。」

顧客看重沃爾瑪公司商品的物美價廉，他們能以極低的價錢買到自己想買的東西。曾經在科羅拉多州惠特里奇發生過一個小故事，這個故事讓山姆更加堅定了自己小鎮的發展戰略。

這家店剛開業不久，一位經營油漆店的女士跑到沃爾瑪商店的經理面前十分激動地說：「你們來到這裡簡直再好不過了，我想由衷地感謝你們。」經理十分意外，問清緣由之後才知道，這位女士經營的店鋪自沃爾瑪商店開業後生意越來越好，因為沃爾瑪的「歡呼聲」營業吸引了很多顧客。

顧客沒能在沃爾瑪商店找到自己最想要的油漆，沃爾瑪商店的工作人員就會把客人領到鄰近的其他商店。這位女士還補充道，「有個顧客來我的商店尋找油漆，他說是沃爾瑪油漆部的經理告訴他我們這裡有貨的，並且把他帶到我們這裡來了。這對我來說，簡直是太驚喜了。」不光是油漆部的經理會這樣做，其他員工也會盡可能地滿足顧客要求，幫助顧客買到他們想要的商品。

沃爾瑪公司受社區歡迎的重要因素源於山姆的「小鎮情結」，他投入很大力度引導員工參與社會，把自己當作是為小鎮提供服務的商人，與顧客保持特殊的情誼，用各種方式去回報社區。

對於那些反對沃爾瑪公司開店的當地居民，山姆動員公司的高層經理們去與他們協商，盡可能地滿足他們的要求。在條件允許的情況下，山姆也會同意改選地址，並且進行民意檢驗，看看那些居民是否同意他們開店。

多少年來，沃爾瑪公司一直把自己當作是小鎮上一個普通小店，他們奉行「鄉村和小鎮的顧客們和大城市的人們一樣，都希望買到物美價廉的商品。只有提供低廉的價格、滿意的服務，並且提供他們方便購物的時間，才能長期存在」。直到現在，沃爾瑪公司的「小鎮情結」還一直主導著公司與員工的利益，以及公司和顧客的利益。

家庭商店的價值觀

一位古希臘哲學家曾說：「傲慢總是在成功即將破滅之時出現，它始終與愚蠢結伴而行。只要出現傲慢，所謀之事必將失敗。」這個信條不僅適用於狂妄的人，同樣也適用於處於成功邊緣的企業。

從一個企業發展的路線來看，隨著企業的發展壯大，在業界的影響力也會隨之增強，進而會逐漸產生一種傲慢的狀態。他們會認為自己的公司是最好的，即使不用像以前那樣盡心盡力對待客戶，客戶也會一如既往地選擇自己的公司合作。

20世紀90年代初期，沃爾瑪公司已經逐步邁向世界大型企業的行列，他們的連鎖店銷售額已經突破百億美元，創造的利潤多過許多小國家的國民生產總值，但沃爾瑪公司並沒有因眼前的這些成就而沾沾自喜。因為他們深知，想要發展越來越好，就應該以謙虛謹慎的態度去看待企業的發展，在堅持公司原有的經營理念下，繼續做有益於「上帝」的事，這種行銷模式的店鋪被山姆稱作「家庭服務商店」。

山姆一直強調，沃爾瑪公司之所以被稱為是值得信賴的商店，是因為沃爾瑪公司一直努力做的工作就是為了挖掘更多的利益，並把這些利益轉讓給顧客。沃爾瑪公司的存在，無疑對於那些收入較低的美國人是一件天大的好事。普通居民可以去沃爾瑪商店買到他們想買的東西，並且能把錢花得更值得。

在與顧客的交流上，每家商店的門口都會安排一名迎賓員，向走進商店的每一位顧客問好，讓顧客獲得商店如家的親切感。顧客去商店就是為了買東西，因此「保持存貨」是商店讓顧客滿意的一大因素。如果顧客買不到自己想買的商品，那麼顧客自然不會再次踏入沃爾瑪商店的門檻。因此，沃爾瑪公司建立了完善的缺貨登記制度，保證貨物的運輸和正常的供應。

顧客購物的過程中，如果不滿意自己買到的商品，他們可以直接拿著發票去服務臺退貨。或許在人們的現代生活當中，類似於「換貨、退貨」這種事情是極為平常的，但是在沃爾瑪公司發展之初是絕無僅有的。那時普遍的顧客都必須為自己買下的東西承擔責任，然而沃爾瑪公司卻本著「人性化」的考慮，開創了「換貨、退貨」的先例。

這種「人性化」的考慮一直延伸到了沃爾瑪商店的收銀臺。在商店的收銀臺上，顧客一邊等著收銀員輸入商品型號，一邊可以翻閱一些沃爾瑪商店的廣告單，看看商店近期還有哪些打折和促銷資訊。此外還有最重要的一個小冊子，冊子封面的抬頭是《給總裁先生的信》和山姆的親筆簽名，顧客在付款時可以順便把自己對沃爾瑪商店的意見或者建議寫在冊子裡，而不必費心去找負責商店的經理或者主管。

作為一名務實的商人，山姆有時候會親自翻閱這些反映顧客心聲的小冊子，並且詢問經理們意見的回饋情況，力求把每一位顧客的建議都採納到，把每一個細節都做到最好。山姆在研究顧客的評論時，發現有很多顧客都會提出發自他們內心的評價。

這些評價自然帶著一些批評和責怪的意味，但是山姆卻覺得那是很珍貴的一線市場調查資料。一方面，研究這些資料可以知道沃爾瑪公司還應該在哪些方面做改進；另一方面，也能在逐步改進中發現公司的進步，而不至於讓公司在現有的成功中停滯不前。

山姆在為打造一個家庭服務商店付諸努力的同時，還把選擇商品作為家庭商店的一個重點。

沃爾瑪公司在商品的選擇上尤其敏感，以免除父母帶著子女一起購物時造成的尷尬。山姆認為沃爾瑪公司應該保持其自身的傳統和價值觀念，維護商店和會員店的正確道德觀念，因此人們絕不會在沃爾瑪公司的商店找到一些不適合家庭閱讀的書籍和那些不入流的影像產品。

正如他在培養高層經理們時所說的：

「如果你熱愛工作，你每天就會盡自己所能力求完美，而不久你周圍的每一個人也會從你這裡感染到這種熱情。」

山姆用他自己的熱情感染了沃爾瑪公司上百萬的員工，也影響到成千上萬的顧客。這些成千上萬的顧客並非一開始就有，而是透過員工們不懈努力換來的。隨著時間的累積，越周到地解決每一件小事就越體現了公司的真誠，更加讓顧客明白沃爾瑪公司的真正出發點——商店並不只為了增加營業額，而是讓每一位顧客滿意。

第4篇 後山姆時代

（1992年～2012年）

對於用5美元就能吃到一頓奢侈晚餐的普通人來說，2880億美元沒有任何意義可言。但就在2005年，沃爾瑪公司創造了這個強大的數字，被稱為零售業的「鐵達尼號」，成為了眾多「方盒子」超市中最耀眼的商標。

從這個「商標」的發展演化過程中，人們可以讀出一個地地道道的美國故事。這個故事遍佈美國領土，也佔據著美國人的國民意識。山姆．沃爾頓堪稱故事中的英雄人物，但是故事的發展並沒有隨著英雄人物的離世而終止。

如今，隨著沃爾瑪公司在全球版圖上的擴張，它已經逐步轉變成一個世界性的故事。透過企業理念的傳播和文化移植，沃爾瑪公司已經在全世界打上了「烙印」。沃爾瑪的存在，就是讓全世界的消費者都心甘情願成為它的「俘虜」。

第十五章 巨星隕落，「帝國」猶在

隕落的明星：沃爾瑪之殤

1992年對星條旗帝國來說，是很重要的一年，因為這一年將舉行總統大選。但是對美國平民來說，還有一件重要的事情，那就是沃爾瑪公司的「山姆大叔」逝世了。

早在兩年前，山姆就被檢查出他患了脊椎瘤和骨癌。在兩種病的折磨下，山姆身體日漸消瘦，不得不接受各種化療。治療過程中，山姆不願與家人過多地談起自己的病情。一方面，山姆怕他們過於擔心，尤其是自己的妻子海倫，他們一起偕手走過將近半個世紀，自己的離去一定會給海倫沉重的打擊；另一方面，山姆想抓緊時間做最後有益於沃爾瑪公司的事，這些事在他看來，比戰勝自己的病魔來得更實在。

在接下來的幾個月裡，山姆不再像以前那樣凌晨4點起床了，他不能每天工作十幾個小時，只能一邊接受治療，一邊搭乘飛機去沃爾瑪公司的各個商店巡視。

這個看似平常的普通商人，在競爭激烈的美國商業社會中打拚了幾十年，才把一個小小的雜貨店發展壯大，成為世界巨型的零售帝國。即使得知自己將不久於人世，他也在堅持「為顧客著想」的經營思路，希望在自己臨走之前把公司的未來鋪墊好。

1992年3月初，隨著病情的惡化，山姆再也沒有力氣奔走巡視。幾個月前，班頓維爾辦公室為他準備的臥榻派上了真正用場。山姆睡在辦公室的臥榻進行治療，即便是行動不便，他也仍然保持良好的精神狀態堅持工作。在這間辦公室，山姆沒有力氣說話，但是大腦十分清晰，他透過用麥克筆在白板上書寫的方式與下屬進行交流。

人們幾乎想像不出來，正處於病危的山姆是如何書寫的。山姆年輕時期因為書寫潦草受過很多批評，但此時還有誰會去責怪他字跡不清呢？那些與山姆並肩戰鬥多年的經理們已經被他那顆赤忱之心深深折服了。

此時，美國轟轟烈烈的總統大選拉開了序幕。現任總統喬治·布希與他強勁的對手比爾·柯林頓為了獲得更多的投票而四處奔走。沃爾瑪公司的人們一邊關注總統的演說，一邊為山姆病情日夜擔心。

幾天之後，一個令人意想不到的消息從華盛頓傳來，山姆將獲得他一生中最重要的榮耀——「總統自由動章」。布希總統正從白宮啟程，趕往沃爾瑪公司的總部班頓維爾，親自為山姆授予這枚象徵著美國公民最高榮耀的勳章。

3月17日，原本普通的一個星期二被沃爾瑪公司賦予了特殊的含義。這一天，班頓維爾的大禮堂內聚集了幾百位沃爾瑪公司員工，他們既在這裡召開晨會，也在這裡舉行頒獎典禮。他們要用自己的方式給總統夫婦一個最熱烈的歡迎儀式，要讓所有的新聞媒體與他們一起見證屬於沃爾頓家族的榮耀時刻。

布希總統頒發了勳章給坐在輪椅上的山姆，他顯然被現場的熱情場面所感染。他聽見山姆對著全體與會員工致辭：「這是屬於我們整個沃爾瑪公司最榮耀的一刻，而這些榮耀是全體沃爾瑪員工奮鬥得來的，也是由我們顧客的信賴所賜予的。」在鎂光燈的聚焦下，山姆消瘦的面龐透著笑容，雙眼噙滿了深情的淚水，那是他發自內心的感慨和激動，沒有絲毫做作。臺下員工們也隨著山姆的演講而飽含淚水，總統先生也許並不知道，這次的集會可能是沃爾瑪員工與山姆最後在一起的時光。

再看看總統先生對山姆的評價：

山姆．沃爾頓是地地道道的美國人，他白手起家，把一個雜貨店發展壯大成為美國最具實力的零售企業。他關心員工，與全體員工分享利益，他把顧客奉為「上帝」，開創了美國零售業的新特色。他也熱愛家人、熱愛生活，具有誠實勤懇的美德，他的生活經歷代表了所有美國平民的夢想。

從山姆的人生經歷和奮鬥歷程來看，他實際代表了所有美國人創業精神的縮影。頒獎結束之後的幾天，山姆的身體急劇惡化，他不得不在家人的強烈要求下住進醫院。

3月29日，山姆度過了他人生中的74歲生日。病房裡，鮮花和蛋糕簇擁著山姆，這是他最後一次慶祝自己的生日。他精神很好，很難想像他和癌症在做最後的鬥爭，海倫和孩子們祈求上帝能夠保佑他們最親的家人。

4月5日清晨，山姆結束了他與癌症的抗爭，平靜地走了。消息一出來，全美的沃爾瑪人都沉浸在悲痛之中，山姆的競爭對手，沃爾瑪的顧客，都在為這為偉大的零售商人深深惋惜。他像一顆亮眼的明星，從沃爾瑪的最頂端突然跌落消失了蹤影。

就像布希總統評價的那樣，山姆的人生充滿了激情和夢想。他看重做人和做事的理念，尊重個人，並以這些為出發點去引導社會。他不隨波逐流，秉承堅持和實幹的精神，為自己鋪平了一條條寬闊的事業之路。這就是山姆為美國平民做的榜樣。

當人們進入沃爾瑪商店，每一位員工都會面帶熱情的笑容，細心周到地為顧客服務。他們身上都透露著山姆的影子。而如今，山姆走了，他的離去對沃爾瑪公司來說是一場巨大的災難。公司未來的路會怎樣？外界很多人，尤其是沃爾瑪公司的競爭對手，開始持以觀望的態度。他們甚至懷疑接班人會不會有這個能力來引導這個龐大的零售帝國。

面對打擊，再攀另一座山峰

沃爾瑪作為世界第一的零售商，當山姆離世後，外界包括新聞媒體、其他競爭者，開始紛紛散佈各種說法：沃爾瑪公司恐怕會難以維持下去，萎縮難以避免。山姆走了，沃爾瑪公司就是個空架子。有誰可以接替山姆嗎？他的沃爾頓家族？還是哪個犄角旮旯的人？

外界傳著各種流言蜚語，沃爾瑪公司內部卻風調雨順。大家在各自的崗位上，兢兢業業。班頓維爾的總裁辦公室裡，沃爾頓家族的長子羅布森，正在宣讀著他父親的遺囑：

「大衛·格拉斯，已經在沃爾瑪公司十幾個年頭了，跟著我打拚江山，是一位值得我們信任的公司高層。當我因重病不得不退出公司時，他將公司打理得井井有條，這是有目共睹的事實。大家都知道，我一直沒有提前選定沃爾瑪公司的下一屆執行總裁，大家也知道，我不會將所有財產給自己的孩子，我需要他們奮鬥，對生活充滿激情。而今，我相信你們，我所選擇的各位菁英經理們，願意繼續秉持著沃爾瑪公司的營運理念，願意幫助下一屆的執行總裁大衛·格拉斯以及董事長，我的孩子羅布森·沃爾頓，將沃爾瑪公司繼續發揚壯大下去。」

就這樣，沃爾瑪公司的一場交接，在悄無聲息中完成了。大衛是一位謹慎有經驗的經理，他跟隨山姆十幾年，有著豐富的實踐經驗與管理能力，最重要的是，他忠於山姆以及沃爾瑪公司的銷售理念。

當消息公佈出來後，各大媒體紛紛報導，如《財富》雜誌、華爾街《金融報》，他們都抱著看好戲的心情，陰陽怪調地說著各種大衛的生活與其人的不堪重任。屋漏偏逢連夜雨，1995年，沃爾瑪公司營業額持續下降，股價下跌到了不足10美元。作為公司首席執行長的大衛，面臨著巨大困難。

但是在最不缺乏優秀經理人的沃爾瑪公司，大衛既然被拱了出來，那就應該相信，他有著山姆信任並且願意委以重任的能力。首先，應變能力該是首當其衝的。

大衛召開緊急會議，邀請了沃爾瑪分公司的經理們以及各大媒體。他在班頓維爾的辦公室裡，表情威嚴而不失親切，語調鏗鏘而不失溫度，娓娓道來這一年沃爾瑪出現這一情況的問題根源：

「這次的緊急會議，並不是我為自己做什麼粉飾。山姆告訴過我：無論公司遇到什麼情況，都不要向公司的員工、合作夥伴和股東們隱瞞事實。大家應該瞭解，我這麼說並不是為了掩人耳目。這一年公司銷售紀錄為936億美元，利潤為27億美元。為美國第四、全球第十二大企業。與1994年相比，我們可能有所後退，然而我們依舊是最棒的。」

經理們看著拿資料說法，實事求是而並不貶低或者誇大自己的大衛．格拉斯，心中均是對他的敬意：

「大衛．格拉斯，想要超越山姆，那是不可能的，山姆是個天才，銷售的天才。然而，想要在管理上勝過山姆，也許並不是不可能。而今的沃爾瑪與以前的沃爾瑪已經不一樣了，也許我們還應該抱著信心。」

但事實上，各大媒體並沒有因大衛的這次緊急會議就對他另眼相看，報紙於第二日紛紛「挖苦」、「諷刺」地報導：「昨日沃爾瑪公司首席執行長大衛．格拉斯，認為公司的前途依然主要依賴於食品零售業，而他似乎並不知道，這是一個競爭最為慘烈的市場。」

看著這些報導，大衛嘆了口氣，把它們輕輕地放在了書桌上，站起身，望著落地窗外明朗的天空與悠哉的白雲：「也許是時候調整人事了。也許他會比我更合適。」

與此同時，正在巴黎考察沃爾瑪公司當地物流業務的李．斯科特收到了大衛發來的緊急傳真：「斯科特務必在明日阿肯色州上午時間 7 點準時打電話到班頓維爾總部。」看著這份急切務必的傳真，斯科特忐忑不安，這是一種似曾相識的感覺。

那是 1980 那年，他被大衛真誠地邀請到沃爾瑪公司工作，第一天上班的他就被叫到了董事長辦公室。山姆是零售業的天才，這是所有人都知道的事情，而斯科特更是對山姆推崇備至，就像即將面對君王般，斯科特輕輕地敲響了班頓維爾的董事長辦公室大門。裡面傳來渾厚的

「進來」。於是，大門被緩緩推開，辦公室的椅子上坐著一位精神矍鑠的人，他的目光炯炯有神，蘊含著無盡的力量：「你就是斯科特？」

「是的，沃爾頓先生。」

「大衛在我面前提過你很多次，包括三年前，你拒絕他邀請的事情。很有趣。」

隨著山姆的話頭，斯科特的思緒回到了三年前，也就是1977年，那時的他還在為阿肯色州斯普林代爾貨運站工作。斯科特的鄰居恰巧在沃爾瑪公司當經理，當時的大衛正在網羅各大人才來為沃爾瑪公司效力，於是斯科特的鄰居將斯科特推薦給了大衛。

這一切斯科特並不知道。更是巧上加巧的是，斯科特被公司派往大衛的商店收取沃爾瑪公司拖欠的7000美元。當斯科特來到大衛面前，向他說明來意後。看著平和講解的斯科特，大衛打斷了他：「我覺得你的能力很不錯，想請你加入沃爾瑪公司，你意下如何？」

聽到了完全不是回答的提問，斯科特直勾勾地盯著大衛看了半天，然後生氣地說：「請不要開玩笑，我現在和您談論的事情，是貴公司拖欠敝公司7000美元，希望可以支付。」

大衛十分平靜地說：「我沒有開玩笑，我只是覺得你是一個人才，不應該浪費。而這7000美元，我並不曾記得有拖欠。」

斯科特看著大衛依舊波瀾不驚的臉，提高嗓音說道：「那我就真心誠意地告訴您，我絕對不會離開美國發展最快的貨運公司，而選擇一個連7000美元貨款都支付不起的公司。」對於當初被招聘進來的點滴，斯科特簡直歷歷在目。

山姆看著想得出神了的斯科特，微微一笑：「你多大了？」

斯科特的思緒被山姆抓了回來，楞了一秒，回道：「我1949年生的，在密蘇里州的喬普林。31歲。」

山姆點點頭：「那你有信心嗎？做好這份工作？」

斯科特不自覺地挺了挺胸膛：「當然，沃爾頓先生。」

山姆看著這位年輕而又富有活力的小夥子：「好，那你就去工作吧。」

斯科特有些不知所措了，原以為會被問到很多問題，比如：你覺得自己有什麼能力可以勝任現在的職位，你覺得沃爾瑪公司有什麼需要改進。可是僅僅就這兩個問題，就結束了。

輕輕關上辦公室的門，斯科特平復了激動的心情，向自己的崗位走去。

時隔久遠，斯科特已經在沃爾瑪公司服務了整整十二年，他無比崇敬的平民老闆山姆已經遠離人世，他非常清楚沃爾瑪公司此刻正面臨著巨大的困難。

第二日，斯科特如約向大衛辦公室打去電話，他接到了新的人事命令，成為沃爾瑪公司執行副總裁，負責商品與銷售業務。

在大衛和斯科特良好的配合下，沃爾瑪逐步邁向國際化，在沿用公司原有經營理念的同時，提出了在全球各地建立購物廣場的構想，成為沃爾瑪百貨公司發展壯大的動力。那些曾經嚼舌抨擊沃爾瑪的媒體和競爭對手，不得不藏起自己的「烏鴉嘴」躲得遠遠的。

精神支柱：班頓維爾的圓桌會議

山姆在生前偶爾會憂心忡忡地問大衛，「我的子女如果不秉承我的志向，我該怎麼做？我需要怎麼做才能不讓而今的財富腐蝕他們那脆弱的內心呢？」

大衛看著山姆若有所思，而又苦於無得的表情，用手拍打著這位老夥伴的肩膀：「你不應該要求他們和你一樣，全心全意地做個好商人。也許他們會是好律師，或者好媽媽。」

山姆過世後，當律師宣讀他的遺囑時，表示新一屆的首席執行長是大衛．格拉斯時，山姆的妻子海倫與孩子們並沒有感到吃驚，他們明白自己父親的良苦用心。接受了山姆所有股份與財產的海倫，也表示對於遺囑的內容，她並未感到震驚與不甘。沃爾瑪公司是山姆的事業，她希望新的團隊可以繼續維持山姆的經營理念，並將沃爾瑪企業的文化推動下去。

山姆的大兒子羅布森作為公司的董事長也深沉地說道：

「我相信大衛叔叔，會將父親的公司經營得很好。我們都秉持著父親的志向，雖然我可能對法律更感興趣，但我也絕對不會放棄父親的事業。希望大家可以一起努力，創造更為美好的未來。」

山姆生前為沃爾瑪建構了公司三權分立的管理體制：由大衛掌舵，負責公司業務；唐則輔佐大衛，擔負公司的精神領袖職責；羅布森成為公司董事長，繼承父親的意旨。

然而即便如此，羅布森的職位以及其能力依舊成為各大媒體爭相報導與挖掘的八卦素材。一開始，羅布森並不願意接受各種採訪，因為他知道自己的才能比不上自己的父親，而自己的經驗也比不上自己的維爾叔叔。與此同時，父親的理念，唐則才是最佳的詮釋者。然而，他知道這是他必須面對的擔子，即使大衛叔叔與唐則在不斷為他減輕重量，好讓他可以去專心致志學習法律。

「羅布森，這次的新聞記者會，你可不能再缺席了。」

聽到大衛的話，羅布森只能撇撇嘴：「是啊，我看來真的要讓他們檢驗檢驗自己了。合格還是偽劣產品呢？」

「羅布森，看你說得，你的才能還是有目共睹的，最起碼在繼承你父親的遺志上，你很棒。」

「謝謝你，大衛叔叔。也許班頓維爾的圓桌會議真的是個很不錯的方法。」

來到燈火閃閃的攝影機前，各大記者看著終於露臉的羅布森，開始輪番轟炸，專挑一些尖酸刻薄的問題。但詞彙嚴謹的羅布森沒有被媒體的刁鑽難倒，他坦承中肯地說明了沃爾瑪公司接下來的發展思路，也表明了作為沃爾頓家族長子的信心。媒體們看著這位青年才俊，覺得山姆的財富並沒有毀掉他的孩子們的意志力與品質，反而讓他們更有著不同於一般孩子的睿智眼光與獨到見解。

有一位記者回道：「為何你至今才接受採訪呢？此前，你到底是因為什麼不願意，是害怕自己超越不了自己的父親，還是因為你覺得自己不能夠勝任這個職位，感到不安呢？」

聽到這個鋒利的提問，羅布森只是正了正上身，調了調麥克風的音量：

「其實，本次我願意接受採訪，也是希望可以傳達給各位一個訊息，沃爾瑪公司不是英雄主義的聚集地。這裡有的是團隊精神，是合作精神。父親生前，就知道我和他是不一樣的。他凡事事必躬親，而我可能更重視房地產與國際計畫，對於沃爾瑪公司的日常管理業務，維爾叔叔一直做得很棒。我覺得只要物盡其才、人盡其用，沃爾瑪就能繼續發展下去。我之所以不願意露面，是因為真的沒有必要，大家想知道的所有問題，大衛與唐則會給大家更為滿意、更為詳實的答覆。」

另一記者發問：「聽到您的這番話，我個人覺得，你還是延續了自己父親的精神的。然而，你怎麼敢保證自己的後代，也能夠和你一樣，繼續傳承下去呢？」

羅布森微笑地著看著這位記者：「首先，很感謝您對我的肯定。至於是否能夠將父親的遺志繼續傳承下去，我還是有信心的。畢竟一年三次的家族會議，是父親留下來的好方法。」

這樣的新名詞立刻引起了記者們的強烈注意，記者忙不迭地打斷羅布森的話，問道：

「家族會議，那是什麼，能請您詳細說明嗎？」

羅布森看著大家，然後語氣平和的說道：「好的，為了可以充分掌握公司的動態，我們家族每年會召開三次家庭會議。會議主題當然是沃爾瑪公司。這樣的家庭會議很溫馨，也很嚴肅，持續時間也不長，兩天左右。有的時候，就在班頓維爾的木桌前，不過有時候，大衛叔叔就不願意了，因為他要辦公。所以，這時，我們只有去旅館了，當然我們最希望去的還是父親在班頓維爾的故居。」

記者們很不理解：「那為什麼說，這個如同騎士的圓桌會議對傳承精神有著舉足輕重的作用呢？」

大衛接過話頭開始說道：「以前的山姆，總會攜帶子女來參加班頓維爾的會議，無論多小，也許只有10歲，連各種術語都不懂的年級，但是山姆表示，這是好事，讓他們知道自己的責任有多大。」

羅布森接著說：「是這樣，我記得自己很小的時候，被父親拉著去參加會議，非常不願意，那些資料和那些名詞，完全不在我的理解範圍內。可是，就是突然某一天，我就都明白了，並且滲入骨髓，知道自己作為沃爾頓家族一份子的重大責任。」

記者們沒有想到會聽到這麼一段家族教育學，感到非常新奇而且有感觸：「那麼現在你們依然保持著這樣的傳統嗎？」

羅布森溫和地說：「當然，沃爾瑪公司將繼續秉承著父親廉價促銷的營運理念，而沃爾頓家族將繼續傳承父親『你們是沃爾瑪公司的重要參與者』的遺志。」

這場羅布森與記者的見面會，在輕鬆而又有教益的氛圍下拉上序幕。第二天，各大報紙不約而同地報導了班頓維爾的家族會議的重大意義。山姆，雖然已經故去，但是隨處卻又都有著他的影子。如同人事任免制度上的忠於山姆，如同沃爾頓家族人員的教育方面。

圓桌會議將山姆選拔的得力助手、值得信任的人才與沃爾頓家族溝通，建立起了一座堅固的橋樑。山姆的精神在這個圓桌上遊走，並不停地傳承與發展。羅布森與其他成員聽著這些與父親完全不同精神面貌的優秀經理們的各自闡述，也有著不同的體驗。

現在的沃爾瑪公司，與山姆還在世時確實有很多的不同了。山姆喜歡冒險、喜歡革新，他是一位天才商人。現在的沃爾瑪公司更需要的是協調各方面力量的執行長，他需要知道各個環節的人才使用，他需要有執行力與管理能力。他們需要讓沃爾瑪公司現代化，發展科技，擴大化，也許沃爾瑪的奇蹟會再次上演。

最受歡迎的首席執行長

2000 年，李．斯科特接替大衛．格拉斯成為沃爾瑪公司的新一屆全球總裁兼首席執行長，他就職時對媒體大眾發表演講說道：「沃爾瑪公司是一家廉價銷售公司，我們的公司與同事應該一起致力於這讓我們興奮的，並且看得到未來的偉大事業，它的前景是樂觀的，是充滿希望的。」

看著在臺上神采奕奕講述的李，媒體們不得不承認，沃爾瑪的「政權接替」並不會使沃爾瑪公司成為空殼子。山姆的理念依然存在，並不斷充實，被運用於沃爾瑪公司，如同春雨般，潤物千里，沃爾瑪公司，依舊一片生機勃勃。

正如有人說的那樣，一家企業的總裁，掌握著整個企業的現在與未來的發展命脈。在企業裡，他的權力除董事會之外，是無人能夠企及的。因而在普通人眼裡，尤其是該企業的員工眼裡，總裁可以說是遙不可及的存在。不過在沃爾瑪，一名中年紳士從員工們面前走過時，他們都會親切地叫他為「李」。外人可能會以為這個叫「李」的人，只是跟員工熟悉的經理而已，但其實「李」是沃爾瑪十分出名的平民總裁：「李．斯科特」。

李．斯科特是於 2000 年接替大衛，正式出任沃爾瑪全球總裁兼首席執行長。一直到 2008 年卸任，斯科特帶領沃爾瑪跨入了另一個快速發展的時期。

斯科特1949年出生在美國密蘇里州，但不久，他的父親老斯科特就把家搬到了位於美國中部堪薩斯州的巴克斯特溫泉。在這裡，老斯科特開了一家修車廠，作為維持家用的生計。斯科特在這個小鎮的童年過得十分安靜。

斯科特在中學時，就表現出了對於運動的熱愛，他是學校橄欖隊的主力成員。中學畢業後，他以優異成績進入堪薩斯州州立大學學習。在大學期間，他認識了他後來的妻子愛琳，並很快結婚生子。儘管這對小夫妻既要照顧家庭又要顧及學業，生活過得十分艱苦，但是斯科特仍舊以優異的成績獲得該校的理工科商業管理學士學位。後來，斯科特還在賓夕法尼亞大學和哥倫比亞大學完成了高級管理人員課程。所以，斯科特是純正的管理科班出身。

1971年，斯科特大學畢業後就進入了YellowFreight公司做起了銷售。直到1980年，才正式接受大衛的邀請正式加入沃爾瑪。1993年被提升為物流執行的副總裁，正式進入沃爾瑪的管理高層。1995年再次被提升，任負責商品與銷售業務的副總裁，正式被董事會和總裁大衛當作接班人培養。緊接著，1999年成為公司副董事長兼首席營運長。2000年，正式接替卸任的大衛，出任沃爾瑪全球總裁兼首席執行長。

斯科特出任沃爾瑪總裁後，外界都對沃爾瑪的未來發展有所懷疑。因為，一個企業領導班底的換任，往往會給企業帶來許多不穩定的因素。加上眾所周知，斯科特與山姆和大衛不一樣，他並不是行銷出身。他在沃爾瑪的頭十幾年，基本上負責的都是後勤部分的工作，隨後不到十年的時間就被提拔到總裁的高位，所以外界認為斯科特帶領的沃爾瑪會是不同於前兩任的沃爾瑪，而這是好是壞，還是一個未知數。不過沃爾瑪人並不擔心這點，因為沃爾瑪的企業文化注定了最高層的換任不會帶來任何問題。

首先，在沃爾瑪，上至總裁下至普通員工都是根據顧客的需要來實現自我的驅動，而總裁並不是公司中心，所以總裁的職位固然有很大的權力，但是權力只能在維護顧客的需要上才能得到全公司認同。其他時候，總裁與其他職員的地位並沒有區別。

山姆一手創辦了沃爾瑪，大衛也是沃爾瑪的開國功臣。但是，兩人並沒有以此就把公司當作是自己個人的，也從不喜歡公司只圍繞著自己轉，因而，斯科特接任的沃爾瑪並不會較多的受到前兩任的影響。

其次，沃爾瑪十分重視團隊合作。在企業內部，各種資源是強制要求共用的。每一個沃爾瑪的管理層人員都可以十分全面地瞭解到各部分的情況。這樣一種各部門打通的局面，使得一個人即使只在這個部門工作，依然可以瞭解到其他部門的運行情況。所以，斯科特雖然早期只是做後勤工作，但是其十幾年的公司資歷足夠他對整個企業的運行有十分全面的認識，也會讓他更從容地面對沃爾瑪這樣一個龐大的企業。

最重要的，也是外界常常忽略的一點，就是在斯科特接任之前，總裁大衛以及執行人員和董事會保持著十分緊密的聯繫，同時，大衛卸任後還會作為顧問幫助斯科特度過一段過渡期。這就為斯科特與董事會之間創造了一個很好的溝通管道，斯科特可以隨時明白董事會的期望，以維護整個企業的整體穩定。

斯科特十分喜歡山姆的一句話：「沃爾瑪愚蠢地花掉的每一分錢都來自客戶的荷包。」斯科特在日常辦公中，以山姆的這句話為座右銘，繼承了山姆的吝嗇，並發揚光大。

斯科特上下班的座駕，並不是想像中的寶馬或者賓士，而是一輛很普通的大眾金龜車。他的辦公室依然還位於本部的改建過的貨倉內，而且面積很小，才十幾平方米而已，房間內幾乎很難看到什麼擺設。同時，由於他上任時的沃爾瑪正處於高速擴張時期，在美國市場，沃爾瑪是當之無愧的老大，但國際市場，仍有待斯科特去開發。這就使得他不得不全世界到處飛去實地調查市場。忙碌的飛行旅程，並不能阻止他發揮節省的習性，他帶頭在沃爾瑪建立起一項制度，那就是經理們出行一般都需要共用旅館的房間。

不斷地追求低成本和低價格，這一條沃爾瑪準則，依然在斯科特身上得到貫徹。在例行的星期六晨間會議上，斯科特仍帶領高層團隊，不斷分析沃爾瑪的不足以及學習對手的長處。比如說，供應鏈是低成本的核心環節。與供應商的長期合作會減少成本，供應商則在與沃爾瑪的合作下，減去了展銷的費用，而且沒有損耗補償、促銷、折扣等等額外的要求，一個數字可以敲定一份合約，沃爾瑪和供應商都省下了一大筆成本，簡單而高效。將產品價格盡可能壓低，這是斯科特從山姆與大衛那裡繼承的寶貴遺產。

這些省下來的錢，斯科特並沒有納為己有，而是全都投入到提高效率的計畫中以及顧客上。除了進一步完善沃爾瑪的數控系統，加強銷售資料的收集之外，斯科特還更加明確的確認，高科技的運用和基礎設施建設是沃爾瑪未來的核心。在斯科特從事後勤工作時，就大力推行條碼的運用，以及幫助沃爾瑪建立起一套流程的管理。

擔任總裁後，斯科特和營運長湯姆．庫格林一起，啟用便攜的電子裝置來進行物流的配貨，並運用沃爾瑪先進的數控系統來對其進行管理，更加準確地統計分配中心的庫存以及超市內商品的銷售情況。

這一連串的裝備能更為精確地統計出顧客的購買情況，累積更科學的資料，從而改善各分店的商品銷售和存儲。斯科特還據此領導沃爾瑪對連鎖店進行重新佈局以達到更為合理的狀態，來配合分發系統的建立，進一步降低運輸成本。

在斯科特的任期內，沃爾瑪公司的業績得到了進一步的改善和發展。2001年，沃爾瑪超越美國通用，登上《財富》雜誌所評選的美國500強的榜首。2002年，在很多企業收入縮水6％的情況下，沃爾瑪依然實現了12％的增長。最終在2008年，沃爾瑪以營業額3745億美元，利潤127億美元的成績，正式登上世界500強的榜首。斯科特向山姆和大衛交出了一份優異的成績單。

不要讓小石頭顛覆火車

一件細微的小事，很容易被人所忽略，但它卻往往會帶來巨大的影響。想想「蝴蝶效應」，一隻蝴蝶在熱帶輕輕搧動一下翅膀，遙遠的國家就可能出現一場颶風。這給人的啟示是，不要輕視任何一點微小的變化，一粒小石頭都可能顛覆一輛火車。

但是在沃爾瑪公司，縱然有小石頭的存在，依然也阻擋不了火車快速進行的腳步。李．斯科特出任沃爾瑪總裁這件事，就似一粒小石頭投入湖中，帶起了點點的漣漪。不過只是點點漣漪而已，外界對他的上任雖然有所懷疑，但並不能就此否認他的能力。斯科特接任時，沃爾瑪公司的股價下跌了12美分。這12美分就是小石頭激起的一點漣漪，沃爾瑪這輛高速前進的火車，並沒有就此而被顛覆。

斯科特是非常幸運的，因為在此之前，很少有一家企業在首席執行長換任時，能夠面對企業如此興旺運行的局面。當時，沃爾瑪已經不再是班頓維爾的一家小夫妻超市，而是一家僅次於美國通用汽車公司的龐大企業帝國。在零售業領域，它更是當之無愧的老大。

斯科特上任時，沃爾瑪整體運行相當穩定，整個企業從上自下的關係也相當穩固。從斯科特的順利接收權力，我們也可以看出沃爾瑪整個企業的面貌，並沒有因為一個人的職位而有很大的變動，一切仍如平常。因為沃爾瑪的全體員工們對於斯科特的升職，沒有認為會給企業帶來什麼顛覆性變化，也不會感到異常的震驚，人們親切的稱呼他為「李」。作為沃爾瑪這輛龐然大物的火車車長，他沒有將沃爾瑪駛入深淵，而是帶到了另一個高峰。

熟悉斯科特的人，都很清楚他是一個做事內斂而低調、善於傾聽他人意見和建議的人。在沃爾瑪，個人的地位往往很少會被人所強調，團隊合作才是沃爾瑪企業的核心文化所在。斯科特的做事風格很符合沃爾瑪的企業文化，當初，斯科特接受大衛的邀請加入沃爾瑪，也正是因為受沃爾瑪文化的吸引。他十分強調沃爾瑪的管理人員不能只待在辦公室裡閉門造車，每年他都會跟以前的山姆一樣，全美國和全世界地到處飛來飛去，只為了實地考察各分店的情況。

斯科特還很喜歡和公司裡的員工一起聊天討論，有什麼重大的決定也會先與同事們商量，絕不會出現個人獨斷的情況。所以他和每一個部門的人都能很快打成一片，人們都很喜歡他能夠耐心地傾聽自己提出的任何建議和意見。

人們可以在任何想不到的地方碰見他，並和他聊上很長時間。每個星期六的晨間會議，更是斯科特所喜愛去的地方。因為他可以更加坦誠而愉快地和其他同事們交換意見，學習他所不會的技能。但是，不要以為他對人態度溫和，說話輕柔，就很好欺負。要知道，最後做決定的人，往往都是不愛說話的人。雖然斯科特很少會表露自己的感情，但他很少的話語中依然充滿了權威。

眾人都知道斯科特是從後勤工作起家的，這也是他剛任總裁時，被外界所質疑的一部分原因。不過畢竟斯科特也算是沃爾瑪內的「老人」，而且在被培養為接班人的一段時間內，他在公司各個部門都擔任過領導工作，所以對沃爾瑪整體業務的運行狀況都有十分深刻的瞭解。

斯科特上任時，沃爾瑪的前進步伐，已經不再只滿足於美國這一塊市場了。國際市場的開發計畫已經被提上了斯科特的日程表，亞非市場正等待沃爾瑪的到來。這是山姆與大衛留給斯科特的一項挑戰，斯科特也激情滿滿的面對著命運給他的邀請。

斯科特往往週日正在邁阿密視察該地的連鎖店情況，週一就必須返回本部處理一些收益上的問題，接著又要馬上飛去墨西哥，參加第二天的會議。然後會後，就要飛到舊金山參加另一場重要會議；星期三就必須趕回班頓維爾，因為中國上海市副市長正等著與他會面，商討沃爾瑪在上海開展投資的問題；之後，斯科特還不能夠停歇下來，而是立刻飛到小石城會見州立法部門的參議院和代表。

這樣滿滿的行程表，斯科特每個月都會經歷好幾次。斯科特努力確保自己有時間能夠待在沃爾瑪的每家連鎖店，能夠清楚地瞭解公司的運行情況。正是斯科特和他的團隊不斷奔波與辛苦，才逐步讓沃爾瑪穩固國內市場的大好局面，開始走向對國際市場的開發。

相信全公司員工的勤勞與付出，以及對想要結果的堅持不懈，一切都將成為可能。李・斯科特的故事，是沃爾瑪這一永恆不變主題的最好注腳。

2002 年 4 月，沃爾瑪公司繼 2001 年以 2198.12 億美元銷售額榮登世界《財富》500 強第一位後，再次以 2445 億美元繼續蟬聯《財富》500 強企業的冠軍。這一令人振奮的消息，使沃爾瑪的全體員工和外界的投資者們，對斯科特有了一個更深刻的認識。人們更加確信，沃爾瑪在斯科特的帶領下，會走得比山姆和大衛更遠。

第十六章 市場無界線：推向世界舞臺

沃爾瑪的國際展點計畫

隨著時代的進步，很多人不看好百貨行業的未來，並且認為百貨行業是即將沒落的「夕陽產業」。但是，沃爾瑪公司卻在諸多不信任的目光下，穩妥地發展起來，它不僅榮登世界500強之首的寶座，還堅定不移地走著特立獨行的擴張之路。

1992年，羅布森·沃爾頓接任董事長一職，他秉承著父親的遺願，並告訴所有董事會成員：沃爾瑪公司應該有1/3的銷售額來自於食品，1/3來自於海外，剩下的則來自於美國境內的商店。

1993年，沃爾瑪公司的國際部門成立。波比·馬丁承受著羅布森與大衛·格拉斯的信任，從公司技術部調任為沃爾瑪第一位負責國際計畫的領導者。

任職後不久，馬丁便召開了國際部會議，他詳實分析了當時海外發展業務所存在的風險：「經過我們為期半年的調查，麥當勞、肯德基等少數幾家得以海外成功的速食連鎖企業，並沒有給我們什麼寶貴的經驗。我們現在只能主動出擊，並希望可以搶佔先機。」

對於馬丁這種不確定的會議報告，新聞媒體抱著看好戲的心態報導：「沃爾瑪公司新增開的國際部，執行長馬丁的計畫只是為了佔坑，根本沒有進行周密的計畫。」

還沒有開始，便遭遇了如此眾多的質疑與困難，但這些困難並不是馬丁所懼怕的。馬丁在後來的回憶錄中表示：

「當時的海外擴張計畫確實是具有很大的難度，陌生的語言環境，不同的法律法規和不同的風俗習慣還可以透過努力得以規避，而一些不可抗拒的力量，如匯率不穩、通貨膨脹、貨幣貶值，便只能聽天由命了。可幸的是，沃爾頓家族以及山姆召集來的人才們，從來不懼怕做出最壞的打算。」

其後，馬丁開始佈署海外擴張計畫，首先目標從北美洲開始。加拿大首當其衝。到底是建立新的沃爾瑪公司，還是採取別的途徑呢？正當馬丁躊躇不已時，加拿大的一家小型連鎖企業主庫恩，找到了馬丁，表示願意接受沃爾瑪公司的收購。

馬丁的腦子中，突然靈光一閃。對，就是這個詞——收購。

這是一種比較穩定而有效的發展模式，他們可以為此節約巨大的成本與宣傳，並且在原有商店的基礎上做出營運模式的改變也是非常容易的。就這樣，從第一家收購商店開始，在短短的一年時間內，沃爾瑪公司收購了加拿大122家折扣商店。

隨著海外擴張計畫的不斷成熟與經驗的不斷累積，馬丁將擴張線路從北美拉向中部的墨西哥，南部的阿根廷與巴西。羅布森在1997年的年終大會上，不無興奮地說：「我們國際部的收入正在漸漸提高，甚至可以與境內的沃爾瑪公司相媲美了。阿根廷與巴西的業績讓我們振奮，前景是不錯的。」

當然，在概括出值得驕傲的事實的同時，馬丁也在年終大會上做出了反面事實的分析：「我很高興董事長與執行長的信任，成就當然是可喜的。然而也有一些比較慘痛的失敗例子。由於印尼的政治動亂，我們的海外業務計畫功敗垂成。」

隨著各種因素的成熟，1999年，馬丁信心勃勃地將眼光盯向了阿爾卑斯山下的德國。德國有一座當地最高峰——楚格峰，楚格峰（德語：Zugspitze），海拔2962米，屬於阿爾卑斯山脈，在德國巴伐利亞州和奧地利邊境附近。馬丁就將此次計畫叫做楚格峰高地佔領計畫。

之所以選擇德國，主要在於其為歐洲最大消費市場，帶著美國的那種自信，馬丁開始了佔據德國零售業市場的計畫。首先馬丁花了半年多的時間重新裝修了1997年在德國收購的21家連鎖商店，他加寬了走道、改善了照明、增加結帳櫃檯、增添店員。將沃爾瑪的企業文化慢慢引入。

原以為一切都在計畫之中，成功指日可待時，馬丁對商店的一次實地調查，將這種夢想徹底粉碎。

事實上，德國人的購物習慣與美國人很不一樣，致使沃爾瑪公司的文化無法得到更好的傳播，並嚴重影響了商店的效率。與此同時，他們發現了一家非常強勁的對手，他們低調而又無處不在。

這位強勁對手，便是阿爾迪公司，創立於1964年的德國老牌家族式連鎖超市，創始人為德國首富，西奧．阿爾布萊希特兄弟。阿爾迪從來不做企業形象廣告，而且他們的管理層從來不在公眾面前露面。阿爾迪低調，卻又強大無比，在全球擁有7000多家分店。他們的業績，讓馬丁望塵莫及。

然而，這些不能成為沃爾瑪公司擴張的阻礙。正如山姆生前所說：「困難，是我們成功的推手。」在沃爾瑪公司打拚多年的馬丁也具備這種迎難而上的特質，他開始對阿爾迪連鎖商店進行了細密地分析與調查。

調查後馬丁發現：阿爾迪也是盡可能的降低成本，任何可以引起成本增加的事物均被拒絕，如信用卡、迎賓員、廣告等；與此同時，阿爾布萊希特兄弟透徹瞭解顧客的低價心理，為了能使顧客對低價商品放心，他們制定了嚴苛的制度規定及退款說明。阿爾迪的貨品顯得很單調，大概只有600-1000種，雇員也是10名左右，而且身兼數職；所有這些最終都使商店成本可以不斷降低再降低。

最重要的一點是阿爾迪的盈利情況出人意料。在德國，平均每2萬5千人就擁有一家阿爾迪超市，而且3/4的家庭會選擇他們。與此同時，阿爾迪在全球的分店有7000多家，營業額是沃爾瑪的20倍多。

已經進駐德國長達四年的沃爾瑪，為了攻佔德國市場可謂費盡心機，最終結果卻不盡如人意。其後，沃爾瑪公司的財務主管門澤開始接手國際部，面對在德國遭受冷遇的局面，他心急如焚。

為了進一步緩解沃爾瑪公司在德國遭遇的困難，門澤決定有針對性地引進沃爾瑪公司的高科技設備，把沃爾瑪公司一些運作良好的系統和完善的經營理念用到德國的商店。與此同時，公司也加強了在德國的一線市場調查研究，隨時瞭解顧客的喜好和購物方式，適時調整在德國的行銷模式。

計畫推行後，德國市場的銷售額漸漸有了起色，他們相信沃爾瑪的商店一定會漸漸融入這座「楚格峰」，並在這座「高峰」取得好成績。

東瀛還是共贏

楚格峰高地攻佔計畫，在經歷了馬丁及門澤兩大天才的共同謀劃後，依舊收效甚微，這不得不說是一件非常讓人沮喪的事情。然而可幸之處在於，沃爾瑪公司強大的背景支持與應對挑戰的從容態度，讓這點挫折變得不再如白紙上的紅字那般醒目。

各大新聞媒體，在沃爾瑪公司德國戰役失利後，曾大加報導，但看到沃爾瑪公司那冷靜淡然的回應，便也覺得沒了什麼興致。因為他們也不得不承認，沃爾瑪公司的海外擴張計畫，總體是蒸蒸日上的。

致使沃爾瑪公司如此坦然的首要因素，是在於英國市場的完美詮釋。作為沃爾瑪公司國際部的新任領導者，門澤，在2000年，用了10天時間收購了英國一家名為ASDA的連鎖企業。此企業在英國可謂家喻戶曉，他們擁有良好的企業營運機制，其中的微笑服務與平價經營，與沃爾瑪公司有著驚人的一致之處，門澤對此表示：「這麼多的相似之處，簡直太神奇了。」

ASDA商店的負責人，微笑地解答了門澤的感嘆：「其實，我們商店從很早以前便開始研究沃爾瑪公司的管理模式了。並將其應用於我們的日常工作中，而今可以與沃爾瑪公司有著更進一步的交流與合作，我們感到非常開心。」

緊接著，門澤便對ASDA連鎖商店進行了各種方面的改良，ASDA擁有232家連鎖超市，可以說是沃爾瑪在海外擴張中的最大一筆收購交易，當然利潤也非常巨大，新聞媒體對此不得不對門澤卓越見識與執行力大加讚嘆：

「這是沃爾瑪公司最大的一筆跨國交易，門澤的領導力與天才能力得到了充分展現。他秉承著山姆的性情，謙虛做事，並將這種精神傳達給了自己的下屬：「我們所做的事情，還遠遠不夠，還遠遠不完美。」

門澤透過嚴謹的研究，發現即使進入了國際市場，也必須花3年時間才可以開始賺錢，5年後才可能有較大盈利空間。針對這種情況，門澤的國際部均採取穩紮穩打的策略：「我們必須要嘗試不同方法，也許會跌跌撞撞。針對目前的成就，我們不可以盲目自大，當被推向風口浪尖時，我們會死得很慘。」

英國的ASDA連鎖企業在沃爾瑪公司的旗下，進行了各個方面的整頓。一年後，ASDA公司的銷售業績便緊緊咬住了英國其他兩家大型連鎖超市，收入增長一倍。美國人在看到相關報導後，一石激起千層浪，他們對沃爾瑪公司的海外擴張計畫的成功既表示了羨慕，也表示了壓力：「當沃爾瑪公司進駐英國後，我們便開始關注英國的TESCO與SAINSBURY超市對此的反應，果真，在如此短的時間內，這兩家巨頭便體會到了被咬緊的痛苦。」

門澤在面對英國的完美成功戰略後，開始將眼光轉向了亞洲的島國——日本。進軍日本，是山姆．沃爾頓還在世時就有的期待，但是即便是山姆，也承認進軍日本並不容易：「我不敢對日本市場掉以輕心，或者輕易付諸實踐。畢竟日本人是非常聰明的商人。」

山姆過世後，沃爾瑪公司用了 4 年時間研究日本的零售市場，他們發現，日本是全球第二大零售市場。然而外來者進入卻並不容易，門澤在國際部進軍東瀛會議上分析道：

「首先日本有著各種有形、無形的壁壘；其次日本人對於外資有著非常大的警惕，甚至排斥心理。與此同時，他們的供應商分銷產品的方式是那麼根深蒂固，根本不容易打破。」

對此，門澤認為第三點困難是非常難辨的。他記得美國最大的連鎖超市凱馬特破產的悲劇，其直接導火線便來自供應商的背叛。當然，若追根溯源，還是需要歸咎於凱馬特自身對於供應商的不尊重與不守信用。

沃爾瑪公司深知供應商對於自身天天低價的強大影響力，所以，美國本土的供應商與沃爾瑪公司，總是保持著最佳的聯繫。沃爾瑪公司會對他們坦誠相待，讓他們瞭解自己產品的銷售數量與價位安排。從而使供應商感到充分的被尊重感。

可是在日本，這種分銷產品的關係很難被打破。雖然日本的市場情況十分複雜，門澤依舊信心十足，他經過了一番細緻觀察，最終選定了日本的西友公司，將其收購。但是，這次的收購模式與此前的完全不同。門澤不想一下子便栽入日本的深處，他僅僅買了西友公司 6％的股份，希望透過此種不深不淺的聯繫，找出攻破日本市場的方法。當此決定實施後，日本國內立刻一發不可收拾，其最顯著的效果便是，西友公司股價暴漲，而其他零售業股票暴跌。

日本人對此感到非常反感，他們和德國人一樣固執而又排外。與此同時，日本的經濟也一直處於低迷狀態，所有這些主客觀因素，都讓觸碰到日本市場的門澤感到頭疼。分析人士在此次沃爾瑪公司的進軍東瀛問題上，也進行了客觀的分析：「針對目前的日本國內市場，以及西方國家早先企業的不斷陣亡，沃爾瑪公司此次的進軍也許會和楚格峰高地計畫一樣，舉步維艱。」

2002年年底，門澤收購了西友34％的股份。在這兩年的過程中，門澤想方設法將美國和日本當地的領導方式結合起來，迅速掌握當地顧客的購物好惡：「我們在這段時間，不僅瞭解了日本的地方文化、商務邏輯、法律條文，還學會了與一些區域規劃委員會的官員們打交道。當然官僚主義，沃爾頓先生並不贊成，可是我們別無選擇。」

與此同時，隨著沃爾瑪公司國際發展計畫的不斷發展，日本的供應商也對沃爾瑪公司表示了一定的信任。這對門澤來說，可謂是天大的喜事。

沃爾瑪公司成功地幫助西友公司成為了日本零售界的龍頭企業，西友的400多家商店慢慢進入到了日本人的日常生活中。然而，正當進軍日本計畫的成功指日可待時，永旺集團開始強烈抵制沃爾瑪公司。

永旺集團認為沃爾瑪公司的整個營業場所顯得非常混亂，雖然價位相當便宜，然而，作為日本本土的企業，他們有信心抵制沃爾瑪公司的不斷入侵。

永旺集團在2001年被日本證管會評選為經營潛力最佳的企業之一，它的經營理念是以合理的價格和精緻、高檔的商品，服務顧客，貢獻社會。他們網羅人才，並對他們坦誠相待，讓他們感到是企業的主人，與此同時，永旺集團也借鑑了沃爾瑪公司和其他西方零售業的實踐經驗，他們的戰略部副總裁豐島正明在對比了沃爾瑪公司後說：「近幾年永旺有很多地方都參考了沃爾瑪的節約方法，收效頗大。」

沃爾瑪公司在面對如此強大的日本本土企業時，依然昂首闊步，門澤在挑戰面前更加充滿激情：「我們會花更多時間來瞭解和熟悉這個國家的經營環境與國民消費習慣。雖然我們不輕鬆，但是，我們有信心。」

佈局中國市場

眾所周知，在世界範圍內零售業的競爭日趨激烈，尤其是在20世紀90年代以後，先後出現了很多成氣候的零售商，而沃爾瑪、家樂福和麥德龍則是零售業當之無愧的三巨頭。沃爾瑪憑藉卓越的服務和企業文化成為了世界第一大零售商。

早在1992年，沃爾瑪就開始籌備進入中國市場的事宜，並且獲得了中國國務院的批准，還在香港設立了辦事處。堅持事事認真完善的沃爾瑪公司對中國大陸市場進行了長達六年的調研，從經濟政策、國民收入水準到消費水準、消費習慣都做了深入的研究，這些報告和資料為沃爾瑪在中國開設商店奠定了基礎。

1996年，沃爾瑪開始進駐中國市場，在深圳開設了第一家沃爾瑪購物廣場和山姆會員店。隨後幾年的時間，沃爾瑪就把他們的分店開遍了中國的大江南北，包括北京、哈爾濱、瀋陽、長春、濟南在內的19個城市中都能找到沃爾瑪的店面，並且包含了沃爾瑪的三種商店：購物廣場、山姆會員店和社區店。

有了多次海外擴張的經驗後，沃爾瑪在中國的行銷格局已經漸漸穩固。但是他們遇到了一個強勁的對手，那就是來自法國的家樂福超市。

家樂福是大型綜合超市的開創者，他們在20世紀60年代開張的時候，沃爾瑪還是班頓維爾鎮的一家小商店。如今，家樂福的銷售額雖然不如沃爾瑪，但它的全球影響力則要比沃爾瑪強很多。家樂福在全球29個國家和地區開設了一萬多家超市，而沃爾瑪的海外戰略開展了不過20年，影響了不過10個國家。

家樂福比沃爾瑪早一年進入中國市場，一開始規模還不及沃爾瑪的三分之一，但一段時間的發展之後，家樂福的大賣場、冠軍超市和迪亞折扣店就在中國各大城市遍地開花，尤其是上海和北京等國際性城市。

兩家公司的發展速度之所以有這麼大的差距，原因在於他們的發展方式不同。沃爾瑪一貫堅持先建設商品配送中心，然後才發展店鋪，在中國沃爾瑪同樣堅持了這種方式。這種方式的問題在於前期的營運成本會比較高，還會制約跨區域店鋪的發展速度。所以想要加快沃爾瑪在中國的發展速度，有必要開發新的途徑。

家樂福的行銷策略也是相當高明的，在一開始進駐中國市場時，他們主打價格實惠、物美價廉的招牌。當在市場上站穩腳跟後，家樂福就開始發展自己的品牌價值，行銷策略也發生了轉變，由個別商品促銷到全面低價，再到限時限量低價，最後只宣傳低價商品。這樣他們讓自己在消費者心中建立起了平價商品的形象，又把價格較高的商品在消費者意識中所佔有的比重成功的弱化掉。

沃爾瑪和家樂福通常都避免正面衝突，例如在南美洲的阿根廷，家樂福有門市439家，而沃爾瑪只有門市11家；在墨西哥有641家沃爾瑪，家樂福則僅有27家。但是面對中國大陸這樣具有強大商機的市場，哪個零售商都不會退讓，於是兩大巨頭開始了他們在亞洲市場的爭奪戰。

首先出招的是沃爾瑪，在沃爾瑪「天天低價」戰術的影響下，產生了很多以廉價為號召力的零售店。儘管低價格帶給家樂福很大壓力，但他們也有自己的應對之策。例如加大對自有品牌商品的推銷力度，因為這些商品是家樂福自身的品牌商品，成本相對較低，在低價格下也可以帶來高利潤。如果我們去家樂福門市就會發現，這些自有品牌的商品種類相當多，從日用品到流行的零食一應俱全。

沃爾瑪在中國也有他們獨特的優勢，他們一直與中國政府保持著良好的關係，2001年沃爾瑪在中國的採購額達到100億美元，極大幫助了中國的出口產業。同時也讓各地政府都看到了這個財大氣粗的合作夥伴，於是紛紛向沃爾瑪公司拋出了橄欖枝。

沃爾瑪還發揚了他們一貫的跟供應商保持良好關係的作風，在中國建立了自己的供應鏈體系，他們不會收取任何商品的進場費，還會回饋給供應商一些資訊，幫助他們完善商品的工藝，降低勞動成本。

在店面的選址上兩家也各有千秋，沃爾瑪立足長遠，在一開始可能會吃些虧，他們喜歡在不那麼繁華的社區裡建立自己的商店。例如在北京，沃爾瑪店開在了石景山，而不像家樂福那樣開在動物園周邊。沃爾瑪公司看重的是公司持久的價值，他們想盡各種辦法幫助供應商獲取利潤，而不是想方設法在他們身上獲得更多的利潤。

沃爾瑪還會建立資訊系統追蹤客戶，透過客戶的需求決定自己應該採購什麼樣的貨物。他們完善而忠實的供貨鏈負責確保在最合適的時間裡提供便宜的貨物，這就是沃爾瑪公司的商品總能夠比家樂福更低的原因。

烙上「沃爾瑪」的「印記」

隨著美洲市場、歐洲市場和亞洲市場的成功開拓，沃爾瑪公司的經營理念和企業文化已經深入世界各地。由於地域文化和消費觀念的不同，沃爾瑪公司進入當地之後，領導層和員工都難以達成價值理念的共識，所以向海外市場移植自己的企業文化一直是沃爾瑪公司海外戰略中的重要組成部分。

1996年沃爾瑪進軍中國之後，也對如何在中國發展他們獨特的企業文化，進行了深入的探討和研究。

在店面開張之前，沃爾瑪公司的管理者就在中國找到了一批能快速接受沃爾瑪文化的領導人，對中國本土的員工宣傳灌輸他們的企業文化。在公司裡，最高級別的管理者是從美國總部來的，而真正主管公司日常事務的主管團隊則是由十名中國管理者組成。這十個人的分工不同，從發展、建設、損失預防到商品銷售和超市管理都有專人負責。

由於美國和中國文化之間的差異，沃爾瑪公司在推廣自己企業文化的過程中遇到了不少困難。

第一個問題就是如何培養普通員工向管理層提建議的習慣。這樣的溝通方式對美國人來說，是極為平常的事情。但在中國來說，向上級打小報告的行為十分令人不齒。

在這之前，沃爾瑪公司對中國人的習慣進行了深入研究，希望獲得一種途徑來打破中國人傳統的溝通模式。中國企業的組織結構很嚴密，通常普通的員工很難見到高層的領導者，更不用說與他們直接對話了，而這偏偏是沃爾瑪企業文化的精髓所在。

當高層的管理者把這種新鮮的組織模式說給中國員工聽的時候，所有人都認為這是一個從未有過的變革，但是並沒有人真正的對這種上下級及時溝通的政策抱有多大的希望。畢竟想在中國貫徹發展這種理念，還是會遇到很多阻力。

為了表示改變的決心，管理層想出了一個辦法，即從簡化自己的著裝開始。他們不再每天更換讓人眼花繚亂的西裝，而是選出兩三套樸素的輪換搭配。在美國總部，頻繁地更換西裝是一件很平常的事情，但在中國分公司，這樣做就有向員工炫耀之嫌，而且會拉大管理者和普通員工之間的距離。沃爾瑪之所以要在管理層中雇用大部分中國人，就是為了讓他們消弭美國公司和中國員工之間的文化差異，做出這樣的決策，也是沃爾瑪公司尊重個人企業文化的表現。

沃爾瑪還把自己公司顧客至上的服務理念也移植到了中國。在傳統的中國商店裡，人們常常能看到店員和顧客大聲爭執，甚至大打出手，而這些現象在沃爾瑪是絕對不被允許的。沃爾瑪總部對中國的分公司做出了嚴厲的規定，如果發現有員工與顧客發生衝突，一旦核實，就會當場或是事後被開除。

另外一個很重要的公司文化是培訓，每一位沃爾瑪員工都有機會接受各種各樣的培訓。其中佔很大比例的是如何更好的服務顧客。例如在面對脾氣火爆的客戶時，怎樣避免跟他們發生衝突。

在沃爾瑪，所謂的服務並不僅僅是面對面的向顧客銷售商品，時刻保持商店地面的清潔，清理顧客留下的垃圾，還有沃爾瑪著名的「三米微笑」……都是服務的內容。在中國人的意識裡這些觀念都很淡漠，所以在學習服務顧客的原則時進度不像美國員工或是歐洲員工那麼快。在此之前，員工們只需要管好自己的商品，而現在他們要改變習慣，對每件事情都負責到底。沃爾瑪的工作準則就是，在任何時候有任何事情需要幫忙，任何人都必須施以援手。

對於剛加入沃爾瑪團隊的員工，公司還會為他們提供儀容培訓。員工會被要求經常洗頭髮，保持外表乾淨整潔。公司還為員工提供幾套工作服以及舒適的工作鞋。

雖然沃爾瑪在中國市場做了很多適應當地文化的改變，但有些地方還是堅持絕不讓步。例如中國人習慣以送禮的方式求熟人辦事，在供應商和與政府交往的過程中也會遇到，而沃爾瑪公司嚴格禁止送禮的行為，因為這是與公司文化相衝突的。

從1996年進軍中國市場到現在，沃爾瑪已經成功的把自己的文化和服務理念移植到了每一家中國分店裡。不論在哪他們都堅持著尊重個人、服務顧客和追求卓越。走進沃爾瑪商店的每一位顧客都會深刻的感受到中國和美國的文化在這裡很好的融合，公司的真誠讓每一位顧客都願意來這裡購物，讓每一位員工都認為在這裡工作是種快樂。

附錄一：沃爾瑪大事年表

20世紀初期

1918年3月29日，山姆．沃爾頓出生在美國阿肯色州的一個小鎮。

1920年海倫．羅布森．沃爾頓，出生在美國奧克拉荷馬州克雷爾莫爾鎮。

山姆．沃爾頓進入密蘇里大學，大學期間擔任學生會主席。

20世紀40年代

1940年山姆．沃爾頓大學畢業報名參軍，在美國軍情部服役。

1943年2月14日，山姆．沃爾頓與海倫．羅布森．沃爾頓結婚。

1944年山姆．沃爾頓長子，羅布森．沃爾頓出生。

1945年沃爾頓向岳父借得2萬美元，與妻子海倫在阿肯色州的紐波特開了第一家雜貨店。

1946年山姆．沃爾頓次子，約翰．沃爾頓出生。

1948年山姆·沃爾頓三字，吉姆·沃爾頓出生。

1949年山姆·沃爾頓唯一的女兒，愛麗絲·沃爾頓出生。

20世紀50年代

1950年由於合約續租失敗，山姆·沃爾頓一家不得不遷往班頓維爾。

1951年山姆·沃爾頓籌集資金，東山再起。

20世紀60年代

1962年山姆·沃爾頓創建公司，在阿肯色州羅傑斯城開辦第一家沃爾瑪百貨商店。

1969年10月31日，沃爾瑪百貨有限公司成立。

20世紀70年代

1970年山姆·沃爾頓在阿肯色州的班頓維爾建立公司總部，並且成立了第一家配送中心。

1970年沃爾瑪公司股票獲准在紐約證券交易所上市。

1975年山姆·沃爾頓受韓國工人的啟發，引進了著名的「沃爾瑪歡呼」。

20世紀80年代

1983年山姆·沃爾頓召集公司管理層在奧克拉荷馬州的中西部市開設了第一家山姆會員

商店。
1984年山姆．沃爾頓實踐對員工的許諾，公司稅前利潤達到8％，他在華爾街跳起了草裙舞。
1984年大衛．格拉斯出任公司總裁。
1987年沃爾瑪公司的衛星網路完成，是美國最大的私有衛星系統。
1988年首家沃爾瑪購物廣場在密蘇里州的華盛頓開業。

20世紀90年代

1990年沃爾瑪公司成為美國第一大零售商。
1991年沃爾瑪商店在墨西哥城開業，沃爾瑪開始進入海外市場。
1992年3月17日，山姆．沃爾頓被授予「總統自由勳章」。
1992年4月5日，山姆．沃爾頓辭世。
1992年4月7日，根據山姆．沃爾頓遺願，長子羅伯森．沃爾頓出任公司董事長。
1993年沃爾瑪公司國際部成立，波比．馬丁出任國際部總裁兼首席執行長。
1993年12月，沃爾瑪公司首次單週銷售額達到10億美元。
1994年沃爾瑪公司在加拿大收購了122家沃柯商店。

1995年進入阿根廷和巴西。

1996年透過成立合資公司進入中國。

1997年成為美國第一大私人雇主。在美國擁有68萬名員工，在美國本土以外有11.5萬名員工。

1997年沃爾瑪公司股票成為道瓊工業平均指數股票；沃爾瑪年銷售額首次突破千億美元，達到1050億美元。

1997年收購21家Wertkauf，進入德國。

1998年首次引入社區店，在阿肯色開了3家社區店。年度慈善捐款超過1億美元，達1.02億美元。

1998年透過成立合資公司，進入韓國。

1999年員工總數達到114萬人，成為全球最大的私有雇主。收購了阿斯達集團公司（有229家店），進入英國。

21世紀初期

2000年在《財富》雜誌的「全球最受尊敬的公司」中排名第5位。

2000年李．斯科特出任沃爾瑪公司總裁兼首席執行長。

2001年沃爾瑪公司單日銷售創歷史紀錄，在感恩節次日達到12.5億美元。

2001年在《財富》雜誌公佈的世界500強企業排名中位居榜首，並在《財富》雜誌「全美最受尊敬的公司」中排名第三。

2002年收購日本西友百貨部分股份。

2002年在《財富》雜誌公佈的世界500強企業排名位居榜首，並在《財富》雜誌「全美最受尊敬的公司」中排名第一。

2003年在《財富》雜誌公佈的世界500強企業排名中位居榜首，並在《財富》雜誌「全美最受尊敬的公司」中排名第一。

2004年3月4日，在深圳召開全球董事會會議。

2005年約翰．沃爾頓因飛機事故去世。

2005年11月4日對日本零售企業西友百貨公司實施10億美元援助計畫，增持西友股份到56．56％。原沃爾瑪全球高級副總裁兼首席營運長的埃德．克羅茲基於12月15日接任西友公司CEO。

2005年12月14日以7.64億美元的價格從葡萄牙集團Sonae SGPSSA手中收購了其在巴西140多家大小超市、百貨店、批發市場，並鞏固了其在巴西零售業排行老三的位置。

2006年3月，取得中美洲最大零售商中美洲零售控股公司的控股權，並將該公司更名為

「沃爾瑪中美洲公司」。由此拓展了其在哥斯大黎加、瓜地馬拉、薩爾瓦多、洪都拉斯和尼加拉瓜的業務。

2006年8月28日深圳配送中心由蛇口搬遷至龍崗區坪山鎮，第一期使用面積比現原配送中心的面積增加一倍。

2007年4月，海倫·羅布森·沃爾頓去世，並宣佈將其名下所有資產捐給慈善基金。

2008年2月21日，沃爾瑪宣佈計畫未來七年在印度開設105515家大型現購自運批發店，正式進軍印度批發市場。

2008年10月22日沃爾瑪全球可持續發展高峰會議在北京召開，會議邀請了超過900名的官員和供應商代表，探討全球暖化條件下的節能減碳、減少包裝的環保新舉措。

2009年2月麥道克接替李·斯科特出任沃爾瑪公司總裁兼首席執行長。

2009年沃爾瑪全球總裁麥道克訪問中國。

2010年2月25日，沃爾瑪公司宣佈溫室氣體減排目標，到2015年將削減2萬千噸溫室氣體排放量。

2010年4月6日，沃爾瑪公司公佈其全球年度慈善捐贈資料，自2009年2月1日到2010年1月31日，沃爾瑪公司在全球市場捐贈物資和資金累計超過5.12億美元。

2010年4月15日，《財富》雜誌公佈美國五百強新榜單，沃爾瑪公司取代埃克森美孚公司榮登榜首。

2010年5月28日，沃爾瑪旗下Asda斥資7.78億英鎊（合11億美元）從Dansk SupermarkedAS收購擁有193家連鎖店的英國折扣零售商Netto Foodstores集團。

2011年7月27日，沃爾瑪進軍電影租賃市場。

（資料來源沃爾瑪中國網站，截至2010年4月。）

世界菁英

01	拿破崙全傳：世界在我的馬背上	艾米爾路德維希	定價：320元
02	曼德拉傳：風雨中的自由鬥士	謝東	定價：350元
03	朴槿惠傳：只要不絕望，就會有希望	吳碩	定價：350元
04	柴契爾夫人傳：英國政壇鐵娘子	穆青	定價：350元
05	梅克爾傳：德國第一位女總理	王強	定價：350元
06	普京傳：還你一個奇蹟般的俄羅斯	謝東	定價：420元
07	制霸：李嘉誠和他的年代	艾伯特	定價：320元

職場生活

01	公司就是我的家	王寶瑩	定價：240元
02	改變一生的156個小習慣	憨氏	定價：230元
03	職場新人教戰手冊	魏一龍	定價：240元
04	面試聖經	RockForward	定價：350元
05	世界頂級CEO的商道智慧	葉光森劉紅強	定價：280元
06	在公司這些事，沒有人會教你	魏成晉	定價：230元
07	上學時不知，畢業後要懂	賈宇	定價：260元
08	在公司這樣做討人喜歡	大川修一	定價：250元
09	一流人絕不做二流事	陳宏威	定價：260元
10	聰明女孩的職場聖經	李娜	定價：220元
11	像貓一樣生活，像狗一樣工作	任悅	定價：320元
12	小業務創大財富一直銷致富	鄭鴻	定價：240元
13	跑業務的第一本SalesKey	趙建國	定價：240元
14	直銷寓言--激勵自己再次奮發的寓言故事	鄭鴻	定價：240元
15	日本經營之神松下幸之助的經營智慧	大川修一	定價：220元
16	世界推銷大師實戰實錄	大川修一	定價：240元
17	上班那檔事--職場中的讀心術	劉鵬飛	定價：280元
18	一切成功始於銷售	鄭鴻	定價：240元
19	職來職往--如何找份好工作	耿文國	定價：250元
20	世界上最偉大的推銷員	曼尼斯	定價：240元
21	畢業5年決定你一生的成敗	賈司丁	定價：260元
22	我富有，因為我這麼做	張俊杰	定價：260元

23	搞定自己搞定別人	張家名	定價：260元
24	銷售攻心術	王擁軍	定價：220元
25	給大學生的10項建議：祖克柏創業心得分享	張樂	定價：300元
26	給菁英的24堂心理課	李娜	定價：280元
27	20幾歲定好位；30幾歲有地位	姜文波	定價：280元
28	不怕被拒絕：銷售新人成長雞湯	鄭鴻	定價：280元
29	我富有，因爲我這麼做－II	張俊杰	定價：240元

身心靈成長

01	心靈導師帶來的36堂靈性覺醒課	姜波	定價：300元
02	內向革命-心靈導師A.H.阿瑪斯的心靈語錄	姜波	定價：280元
03	生死講座——與智者一起聊生死	姜波	定價：280元
04	圓滿人生不等待	姜波	定價：240元
05	看得開放得下——本煥長老最後的啓示	淨因	定價：300元
06	安頓身心--喚醒內心最美好的感覺	麥克羅	定價：280元
07	捨不得 捨得是一種用金錢買不到的獲得	檸檬公爵	定價：260元
08	放不開--你爲什麼不想放過自己？	檸檬公爵	定價：260元

典藏中國：

01	三國志--限量精裝版	秦漢唐	定價：199元
02	三十六計--限量精裝版	秦漢唐	定價：199元
03	資治通鑑的故事--限量精裝版	秦漢唐	定價：249元
04-1	史記的故事	秦漢唐	定價：250元
05	大話孫子兵法--中國第一智慧書	黃樸民	定價：249元
06	速讀二十四史--上下	汪高鑫李傳印	定價：720元
08	速讀資治通鑑	汪高鑫李傳印	定價：380元
09	速讀中國古代文學名著	汪龍麟主編	定價：450元
10	速讀世界文學名著	楊坤主編	定價：380元
11	易經的人生64個感悟	魯衛賓	定價：280元

12	心經心得	曾琦雲	定價：280元
13	淺讀《金剛經》	夏春芬	定價：210元
14	讀《三國演義》悟人生大智慧	王峰	定價：240元
15	生命的箴言《菜根譚》	秦漢唐	定價：168元
16	讀孔孟老莊悟人生智慧	張永生	定價：220元
17	厚黑學全集【壹】絕處逢生	李宗吾	定價：300元
18	厚黑學全集【貳】舌燦蓮花	李宗吾	定價：300元
19	論語的人生64個感悟	馮麗莎	定價：280元
20	老子的人生64個感悟	馮麗莎	定價：280元
21	讀墨學法家悟人生智慧	張永生	定價：220元
22	左傳的故事	秦漢唐	定價：240元
23	歷代經典絕句三百首	張曉清張笑吟	定價：260元
24	商用生活版《現代36計》	耿文國	定價：240元
25	禪話•禪音•禪心禪宗經典智慧故事全集	李偉楠	定價：280元
26	老子看破沒有說破的智慧	麥迪	定價：320元
27	莊子看破沒有說破的智慧	吳金衛	定價：320元
28	菜根譚看破沒有說破的智慧	吳金衛	定價：320元
29	孫子看破沒有說破的智慧	吳金衛	定價：320元
30	小沙彌說解《心經》	禾慧居士	定價：250元
31	每天讀點《道德經》	王福振	定價：320元
32	推背圖和燒餅歌裡的歷史	邢群麟	定價：360元
33	易經：現代生活的智慧	孫三寶	定價：280元
34	《傳習錄》白話本	姜波	定價：330元
35	《史記》故事導讀	姜波	定價：340元
36	《資治通鑑》故事導讀	姜波	定價：300元
37	厚黑學全集【參】厚黑心術	李宗吾	定價：300元
38	《碧巖錄》中的100大智慧	于水音	定價：280元
39	入骨相思知不知一醉倒在中國古代情詩裡	維小詞	定價：300元
40	厚黑學全集【肆】厚黑之道	李宗吾	定價：300元
41	一本書讀懂戰國史	秦漢唐	定價：420元
42	厚黑學全集【伍】厚黑妙法	李宗吾	定價：300元

經典中的感悟

01	莊子的人生64個感悟	秦漢唐	定價：280元
02	孫子的人生64個感悟	秦漢唐	定價：280元
03	三國演義的人生64個感悟	秦漢唐	定價：280元
04	菜根譚的人生88個感悟	秦漢唐	定價：280元
05	心經的人生88個感悟	魯衛賓	定價：280元
06	論語的人生64個感悟	馮麗莎	定價：280元
07	老子的人生64個感悟	馮麗莎	定價：280元
08	易經的人生64個感悟	魯衛賓	定價：280元

三國文學館

01	三國之五虎上將關雲長	東方誠明	定價：260元
02	三國志人物故事集	秦漢唐	定價：260元
03	三國之鐵膽英雄趙子龍	戴宗立	定價：260元

心理學大師講座

01	北大教授講解脫之道	葉舟	定價：240元
02	北大教授講包容之道	葉舟	定價：240元
03	北大教授給的24項人緣法則	葉舟	定價：240元
04	北大教授給的28項快樂法則	葉舟	定價：240元

商海巨擘

01	臺灣首富郭臺銘生意經	穆志濱	定價：280元
02	投資大師巴菲特生意經	王寶瑩	定價：280元
03	企業教父柳傳志生意經	王福振	定價：280元
04	華人首富李嘉誠生意經	禾田	定價：280元
05	贏在中國李開復生意經	喬政輝	定價：280元
06	阿里巴巴馬雲生意經	林雪花	定價：280元
07	海爾巨人張瑞敏生意經	田文	定價：280元
08	中國地產大鱷潘石屹生意經	王寶瑩	定價：280元

國家圖書館出版品預行編目資料

世界零售龍頭 : 沃爾瑪傳奇 /
黃河長 作 -- 一版. -- 臺北市：廣達文化, 2014.12
面 ; 公分. -- （文經書海：80）
ISBN 978-957-713-561-2(平裝)
1.沃爾瑪百貨公司(Wal-Mart (Firm)) 2.零售商
3.連鎖商店 4.企業管理

498.2　　103023485

文經閣

書山有路勤為徑
學海無涯苦作舟

世界零售龍頭
沃爾瑪傳奇

作　者：姜文波
叢書別：文經書海 80
出版者：廣達文化事業有限公司

文經閣企畫出版
Quanta Association Cultural Enterprises Co. Ltd
編輯執行總監：秦漢唐

通訊：南港福德郵政 7-49 號
電話：27283588　傳真：27264126

E-mail：siraviko@seed.net.tw
www.quantabooks.com.tw

製　版：卡樂彩色製版印刷有限公司
印　刷：卡樂彩色製版印刷有限公司
裝　訂：秉成裝訂有限公司

代理行銷：創智文化有限公司
23674 新北市土城區忠承路 89 號 6 樓
電話：02-2268-3489　傳真：02-2269-6560

一版一刷：2014 年 12 月
定 價：300 元

書山有路勤為徑
學海無涯苦作舟

書山有路勤為徑
學海無涯苦作舟